VERLAG

BEGEGNUNGEN

ISBN 978-3-9816162-8-6

Petra Kriegel

KATZENRAT
Schwarze Katze – weise Worte ...

Copyright 2016
1. Auflage

Gestaltung: Elke Mehler
www.querwerker.de

Druck: SDL, Berlin

Verlag: Begegnungen, Schmitten
www.verlagbegegnungen.de

KATZENRAT

Schwarze Katze – weise Worte

Gespräche mit einer besonderen Katzenseele
über ihre Sicht auf die Welt und das Leben

von
Petra Kriegel
und Feli

Dieses Buch widme ich meiner klugen Weggefährtin,
weisen Ratgeberin und Freundin

FELI

sowie allen Katzen dieser Welt!

Danke Feli,
dass du immer nur Freude in mein Leben gebracht hast

VERLAG

BEGEGNUNGEN

INHALT

Wer ein Tier an seiner Seite hat und mit bewusstem Blick darauf schaut, erkennt, welche Freude, welches Geschenk und welcher Segen das ist. Tiere gehen voller Liebe ein Stück des Lebenswegs ihres Menschen mit und unterstützen ihn auf ihre ganz besondere Art. Es kann manchmal schwierig sein, zu erkennen, welche kleinen und großen Aufgaben die Tiere an der Seite des Menschen übernommen haben und welche Rolle sie im Leben eines jeden Menschen spielen, mit dem sie leben. Das ist aber auch gar nicht wichtig, denn im Herzen wird jeder – der mit einem oder mehreren Tieren zusammenlebt – fühlen, dass Tiere immens wichtige Begleiter sind.

Tiere sind für mich warmherzige und liebevolle Seelenwesen, die Großartiges leisten an der Seite der Menschen. Sie helfen uns bei den Lektionen des Lebens und ermöglichen es, dass wir an dem wachsen können, was uns das Leben an Aufgaben stellt. Ich stelle mir Tiere gerne als Wesen vor, die immer da sind, wenn sie gebraucht werden, ohne Vorbehalt, vollkommen uneigennützig und in großer Liebe. Gleichzeitig sind sie ein wichtiger „Seelenspiegel", in dem wir uns wiedererkennen dürfen.

Ich gehöre zu den Menschen, die Leere empfinden, wenn sie kein Tier um sich haben. Es gibt meiner Meinung nach Räume, innere und äußere, die nur von Tieren und der Energie, die sie in sich tragen, ausgefüllt werden können. Und jeder Mensch braucht sein ganz eigenes Tier. Das Tier nämlich, das ihm in seinem Wesen, seinem Charakter und seiner Geschichte so ähnlich ist, dass er sich in ihm wahrnehmen kann. Viele von uns haben bereits die Erfahrung machen dürfen, dass sie sich ihr Tier nicht aussuchten, sondern dass es vielmehr umgekehrt war. Es finden immer genau die Menschen und Tiere zusammen, die zusammengehören, nämlich die, die einen gemeinsamen Weg haben und die auf diesem gemeinsamen Weg voneinander lernen und aneinander wachsen können.

Natürlich haben wir auf unserem Lebensweg nicht nur Tiere an unserer Seite, die uns begleiten. Aber kaum ein anderes We-

sen begegnet uns dabei mit einer solch bedingungslosen Liebe, wie dies ein Hund, eine Katze, ein Pferd oder welches Tier auch immer, zu tun vermag. Jede einzelne ihrer Handlungen ist geprägt von dieser innigen Liebe. Wenn wir in ihren Augen unsere eigenen Schmerzen erkennen dürfen, wenn sie uns – z. B. durch ihre Krankheiten – ermöglichen, Defizite zu erkennen, die gesehen werden wollen, dann können wir spüren, was immer sie für uns zu tun bereit sind, es geschieht in aufrichtiger Liebe und mit gebührendem Respekt. Allein diese bedingungslose Liebe sollte ausreichen, um dieses Geschenk, das uns die Tiere machen, mit Demut und großer Dankbarkeit anzunehmen.

Ich hatte schon viele treue Tiergefährten an meiner Seite, die mein Leben bereicherten und meinen Weg maßgeblich mit geprägt haben. Während der Zeit, in der dieses Buch entstanden ist, sind viele meiner Tiergefährten gegangen. Unter anderem auch die Hauptperson dieses Buches – Feli. Umso glücklicher bin ich, dass ich Feli mit diesem Buch nun ein Denkmal setzen darf, das ihrer würdig ist. Sie war so viel mehr als „nur" eine Begleiterin, sie war eine Freundin und Seelengefährtin.

Ich wusste stets, dass es viele Fragen gibt, die eine Katze wie Feli, mit reinem Herzen, einfach aber tiefgründig beantworten kann. Feli hat schon oft Antworten auf wichtige Fragen gegeben, die mich dabei unterstützt haben, einen Schritt weiter gehen zu können und vor allem haben mich ihre Antworten immer erfreut. In den Antworten, die sie mir gab, erkannte ich ihre ganz eigene Klugheit, ihre Liebenswürdigkeit und ihre Verbindung zum Göttlichen. Sie ließ mich wissen, dass es viele Antworten gibt und viele Wege und dass eine Antwort kein Gesetz ist, sondern von jedem auf seine Weise interpretiert werden kann und muss. Jeder hört und sieht das, was für ihn wichtig und richtig ist. Felis einfache und dabei besondere Art, die Dinge zu sehen, ihre Klugheit und ihr Vertrauen, das alles gut ist, so wie es ist, war oft hilfreicher, als ein Mensch mit rein rationalem Denken hätte sein können. Ihr reines Herz und ihre selbstlose Liebe mir gegenüber machten das möglich.

Wir sollten aber dennoch niemals glauben, dass wir von Tieren andere Antworten erhalten können als die, die wir schon in uns tragen. Tiere möchten ihre Antworten auf unsere Fragen als „Impulse" verstanden wissen und uns nicht „nur" etwas vermitteln, das wir blind glauben und dem wir blind folgen sollen. Ihre Aussagen sollen unsere Herzen berühren, etwas in uns zum „klingen" bringen. Der große Wunsch der Tiere ist, dass wir aus dem, was sie uns zeigen, unsere ganz eigenen und ganz individuellen Antworten finden.

Das, was die Tiere uns sagen, ist immer bereits als inneres Wissen in uns vorhanden. Nur haben wir leider oft verlernt, dies wahrzunehmen. Ein jeder sollte in den „Worten", die die Tiere an uns richten, seine ganz eigene Wahrheit sehen und dadurch seine ganz persönliche Lösung finden. Feli und alle Tiere dieser Welt sind nicht dazu da, unsere Probleme zu lösen, aber sie möchten uns dabei behilflich sein, möchten Zeichen setzen, die uns helfen können, besser zu sehen und zu verstehen, was für uns wichtig ist. Es gibt für jeden einen ganz eigenen Weg, aber wie dieser Weg aussehen kann, wie er gestaltet und gegangen wird, das liegt in der Hand jedes Einzelnen.

Vor langer Zeit teilte Feli einer lieben Freundin mit, dass ich, ihr Frauchen, eine Katzenfrau sei, und dass mein Lebensweg eng mit Katzen verknüpft ist. Später, während einer Kommunikation im Mai 2007, teilte Feli mir mit, dass ich über sie, über uns, schreiben solle. „Katzengeschichten" sagte sie und meinte damit Geschichten von und über Katzen. Sie sagte damals noch, ich solle auf die Blumen achten, die in meinem Herzen blühen, dass sie immer genug Wasser haben und nicht vertrocknen.

Da kam mir die Idee, dass ich mehr schreiben sollte als nur Geschichten über Katzen. Ich wollte viel lieber Aussagen von Katzen auf meine Fragen niederschreiben. Nicht nur, weil ich eine Ahnung davon bekam, dass die Antworten interessant und lehrreich sein würden, vielmehr noch ahnte ich, dass sie erheitern, trösten und das Herz erwärmen könnten und so die Blumen wässern, die in Jedermanns Herz blühen.

Doch bis es soweit war, dass ich diesen Plan in die Tat umsetzen konnte, verging noch einige Zeit. Es gibt einen Ausspruch der da sagt: Gott lacht, wenn Menschen Pläne machen. Oder anders ausgedrückt: Es kommt oft anders, als wir denken, planen oder uns wünschen. Darum sollten wir nie zu stur an Plänen festhalten weil uns das in unserer Entwicklung behindern kann. Das ist das, was mir spontan einfällt, wenn ich daran zurückdenke welche Hürden ich überwinden durfte, bis dieses Buch fertig und ich bereit war, es veröffentlichen zu lassen.

Seit Feli bei mir ist hat sie sehr intensiv auf mich eingewirkt, mich den Dingen zu widmen, die wichtig sind für mich und mein Vorwärtskommen. Sie hat mich regelrecht gedrängt, mein Potenzial zu leben und den mir vorbestimmten Weg zu gehen, der alles andere als klar war für mich. Dieses Buchprojekt hat Feli „angeregt" und vorangetrieben, jedoch musste ich, bevor ich es realisiert habe, noch viele andere Schritte gehen. Im Nachhinein kann ich erkennen, dass jeder Schritt auf meinem Weg wichtig und richtig war. Ich kann mit Fug und Recht behaupten, dass ich gut geführt wurde, selbst wenn ich das nicht immer gleich erkannt habe. Feli war ein Teil meiner besonderen Füh-

rung, die vieles für mich möglich machte. Sie war es, die mir geholfen hat mein Herz zu öffnen, für die Tiere aber besonders auch für die Menschen. Und hier besonders für die Menschen, die mit Tieren zusammenleben.

Als ich damit begonnen hatte, dieses Buch zu schreiben, war ich zuversichtlich, dass das eine schnelle Angelegenheit sein würde – soweit mein Plan. Nachdem ich bereits eine Weile und einige Kapitel geschrieben hatte, stockte auf einmal der Schreibfluss. Ich hatte keinen Antrieb mehr und ließ das Projekt ruhen. Wie lange das Buch unangetastet gelegen hat, weiß ich heute gar nicht mehr, auf jeden Fall war es sehr lange. Dann aber wurde Feli krank und zwar sehr krank, von einer Minute zur anderen, so kam es mir zumindest vor. Diese Krankheit führte dazu, dass ich die Notwendigkeit erkannte auf ein bestimmtes Thema meines Lebens zu schauen und es zu klären.

Genau das, was ich den Tierhaltern immer sage, nämlich dass man selbst in die Tat gehen und etwas für sich tun und lösen muss, war das, was diese Situation von mir verlangte. Ich hatte sehr schnell verstanden, dass ich für mich und für Feli, hauptsächlich aber für mich selbst, diese Chance auf gar keinen Fall vertun dürfe. Und wie das immer so ist, wenn man anfängt nach Lösungen zu suchen, es tun sich Türen auf. Auch für mich öffneten sich plötzlich genau die richtigen Türen. Ich durfte Dinge aus meinem familiären Umfeld erkennen, die ich tief verdrängt hatte. Felis Erkrankung hatte es möglich gemacht, dass ich einen wichtigen Schritt in meinem Leben gehen konnte.

So kann es gehen, wenn man auf die Zeichen und Signale achtet, die das Tier seinem Menschen zeigt. Über und durch das Tier zu lernen hilft dem Tier und dem Menschen, ganz besonders aber dem Menschen. Und, Sie werden es schon ahnen, kaum hatte ich meine Krise überwunden, wurde Feli wieder gesund und ganz „die Alte". Ich hingegen war „erneuert", hatte einen Schritt in eine neue Richtung getan, konnte alten Kummer loslassen und neue Kraft und Energie kam in mein Leben.

Diese Geschichte zeigt auf, wie sehr Tiere auf das reagieren, was in ihren Menschen vorgeht, auch wenn diese es selbst gar nicht wissen. Sie lässt gleichzeitig die Chance erkennen, die ein jeder hat, wenn er sich auf das einlässt, was auf der Seelenebene geheilt werden möchte. Sehr, sehr oft können unsere Tiere heil(er) werden, wenn wir selbst etwas für unser (Seelen)Heil tun. Wichtig ist, dass wir offen sind und zwar offen für alle Wege, für alle Möglichkeiten, für alle Hilfsmaßnahmen.

Felis Krankheit hat mich, obwohl sie viel Kraft forderte, gestärkt und vorangetrieben. Zu Beginn wusste ich nicht, wie lange Feli noch bei mir bleiben würde. Ich bekam plötzlich große Angst, dass uns beiden nicht mehr genug Zeit bleiben würde, das Buch zu beenden. Aber ich hatte mich der Lektion gestellt und gelernt, dass ich nichts auf die lange Bank schieben durfte, sondern das beenden sollte, was ich begonnen hatte und was offensichtlich wichtig war für mich. Und so habe ich, zusammen mit Feli, nachdem sie wieder vollständig gesund war, das Buch in „einem Rutsch" zu Ende geschrieben.

Ende gut, alles gut? Weit gefehlt. Nachdem das Buch fertig war gab ich es an einige „Testleser", um zu hören, wie das Projekt von Feli und mir bei ihnen ankommen würde. Was soll ich sagen? Dem einen waren Felis Antworten zu forsch, dem anderen zu wenig forsch. Einer fand es zu wenig spirituell, einem anderen war es zu weit her geholt. Und so ging es hin und her. In mir wuchs die Sorge, dass ich das, was das Buch auslösen würde, nicht würde aushalten können. Vor allem hatte ich Angst, dass Feli darunter leiden könnte. Und so ließ ich das Buch wieder liegen, sehr lange ... Ich ließ es liegen, bis mich im März 2014 der plötzliche Tod von Feli, über den ich am Ende des Buches noch ausführlich berichten werde, daran erinnerte, dass ich Feli ein Versprechen gegeben hatte. Vielleicht war sie nur aus diesem einen Grund bei mir gewesen: Dass ich nämlich ihr Wissen und ihre Klugheit und somit das Wissen und die Klugheit aller Katzen unter die Menschen bringen soll. Die Menschen sollen erfahren, was es heißt, eine Katze zu sein, zu

fühlen wie eine Katze und was die Katzen uns Menschen zu geben haben. Wieso hatte ich das nur vergessen? Es wurde mir plötzlich egal, was andere über dieses Buch sagten oder sagen würden. Diejenigen, für die das Buch gedacht war, diejenigen, die ein offenes Ohr und ein offenes Herz für die Worte und die Liebe einer Katze hatten, würden verstehen. Das Auf und Ab und auch alle Zweifel hatten ein Ende. Feli sollte zu Wort kommen und gehört bzw. gelesen werden. Was ein jeder daraus macht, wie ein jeder mit diesem Geschenk umgeht, bleibt ihm alleine überlassen.

Ich möchte jeder Leserin, jedem Leser danken, dass es Sie interessiert, was Feli zu sagen hat. Und ich möchte Sie gleichzeitig darum bitten, sorgsam und liebevoll damit umzugehen. Schauen Sie zuerst auf das, was Ihnen gut tut und gefällt. Versäumen Sie dann aber nicht, auch auf das zu schauen und zu hören, was Ihnen vielleicht missfällt oder was Sie vollkommen daneben oder falsch finden, denn genau darin steckt großes Potenzial zu wachsen und zu lernen.

Feli – Freundin, Gesprächspartnerin, Seelengefährtin

Ich bin sicher, dass auch Sie das Gefühl kennen, wie es ist, ein ganz besonderes Tier an der Seite zu haben. Ein Tier, das weder schöner, noch größer, noch klüger ist als ein anderes, aber dennoch umweht gerade dieses Tier eine besondere Aura, von der man sich magisch angezogen fühlt.

So ging es mir mit Feli, einer kleinen, zierlichen, schwarzen Katze mit grünen Augen. Ich kann nicht erklären, was es war, das Feli für mich zu einer besonderen Weggefährtin machte. Es war wohl eine reine Herzensangelegenheit. Als sie zu mir kam, klein, dürr, gerademal vier Monate alt, so verschnupft, dass ihr der Rotz aus der Nase lief, war sie dennoch voller Energie. Sie war beeindruckend stark und wusste immer was sie wollte und was nicht; ganz im Gegensatz zu mir, die ich oft am zweifeln war, ob alles richtig war, was ich tat.
Was mir von Anfang an auffiel, war, dass Feli trotz ihrer Schnupfenerkrankung einen vitalen und lebensfrohen Eindruck machte. Sie strahlte etwas aus, von dem ich noch nicht ahnte, was es war, aber ich bekam schon damals eine Ahnung von ihrer Besonderheit und inneren Kraft.

Wenn ich ihren Charakter beschreiben sollte, würde mir als erstes das Attribut „frech" einfallen. Natürlich war sie auf eine bezaubernde Weise frech, lieb-frech eben. Obwohl sie äußerst vorsichtig war, ging sie mit offenem Herzen auch auf fremde Menschen zu, getreu dem Motto. „Hier bin ich, was kannst du für mich tun?"
Feli war eine Katze, die mit allen vier Pfoten auf der Erde stand. Sie war, auch wenn das aufgrund ihrer Antworten vielleicht manches Mal so scheinen mag, kein sanftes, engelhaftes Geschöpf, vielmehr konnte sie mit ihrer direkten Art durchaus vor den Kopf stoßen. Ich empfand aber gerade ihre Direktheit, die Dinge anzusprechen, sehr entwaffnend, mutig und ehrlich. Diese Katze redete nicht um den heißen Brei. Sie zeigte und „sagte" immer, was ihr gerade in den Sinn kam. Sie ging mit forschen Schritten durchs Leben und gab, was ihr möglich war. Ich würde sie nicht unbedingt als „Engel auf Erden" bezeichnen,

aber als ein Wesen mit dem Herzen am rechten Fleck. Sie war, wie sie nun mal war. Sie liebte das Leben und die Menschen.

Feli wuchs meinem Mann, unseren anderen Katzen und mir sehr schnell ans Herz. Sie hat unser Dasein durch ihre Anwesenheit, ihr temperamentvolles Wesen und ihre direkte, freche und dabei bezaubernde, einzigartige Art immens bereichert. Vieles durfte ich lernen in den Jahren unseres Zusammenlebens. Ganz besonders sie war es, die mir ermöglichte, den wunderbaren Weg der Tierkommunikation für mich zu entdecken. Die Verbindung zu ihr war eben schon immer geprägt durch eine besondere Anziehung, auch wenn ich früher nie genau wusste, warum das so war.
Nachdem ich die Tierkommunikation ausführlich und tiefgehend erlernt hatte (obwohl auch hier gilt, dass der Weg immer weiter geht und mit ihm das Lernen und Erkennen) und bevor ich das erste Mal selbst mit Feli „sprach", ließ ich eine andere Tierkommunikatorin Kontakt zu ihr aufnehmen. Diese war es dann auch, die mir sagte, dass Feli meine Seelengefährtin sei. Das war für mich keine wirkliche Überraschung, denn geahnt hatte ich es schon immer. Nun bekam ich aber eine Bestätigung von jemandem, der weder mich noch Feli kannte. Dass dies stimmte, sagte mir mein Herz, das bei dieser Aussage regelrecht aufging. Es fühlte sich vollkommen und richtig an, vor allem auch deshalb, weil alles, was Feli im Rahmen dieser Kommunikation gesagt hatte, zu ihr und ihrem Wesen passte. Es war direkt, es war frech und es war deutlich. Ich spürte, dass unser gemeinsames Leben aufregend und „reich" werden würde. Von Stunde an habe ich immer wieder mit Feli kommuniziert und das eine und andere „Gespräch" mit ihr geführt. Sie hat mir jederzeit gerne ihre Meinung mitgeteilt. Ich merkte, dass sie sehr gerne auf diese Weise an unserem Leben teilhaben wollte und dass sie es gar nicht schätzte, wenn man ihre Wünsche nicht berücksichtigte!

Ich empfand es stets als ganz besonderes Geschenk des Lebens, diese kleine Rebellin in Form einer frechen schwarzen Katze an der Seite zu haben, die einem gelegentlich sinnbildlich die Keule auf den Kopf haute, um aufzuwecken. Es gibt sicher sanftere Weckmethoden, aber selten effektivere! Das, was Feli antrieb und ihre Meinung kundtun ließ, war die Liebe zu den Menschen im Allgemeinen und zu meinem Mann und mir im Besonderen. Ich freue mich sehr, dass Feli nun auch Sie, die Leserin/den Leser dieses Buches in ihre unendliche Liebe mit einschließt.

Kommunikation mit Tieren

Über das Thema Tierkommunikation sind schon viele gute Bücher von namhaften Autoren/Autorinnen geschrieben worden. Die Art und Weise, wie *ich* mit Tieren kommuniziere, könnte sich von dem unterscheiden, was Sie eventuell kennen, was Sie gelesen und erfahren haben oder wie Sie selbst mit einem Tier sprechen. Bei der Kommunikation mit Tieren ist es wie mit vielen anderen Dingen: Es gibt unterschiedliche Wege dorthin, immer auch abhängig davon, was man erreichen möchte und an welchem Abschnitt seines Lebens man sich befindet. Die nachfolgende Beschreibung ist meine ganz persönliche Sicht- und Vorgehensweise. Tierkommunikation bedeutet für mich mehr, als nur etwas von meinem tierischen Gegenüber zu erfahren. Ich möchte fühlen, was das Tier fühlt, ich möchte wissen, welchen (Lebens)Weg es geht, ich möchte wissen, warum es bei seinem Menschen ist, ich möchte wissen, welche Aufgabe es erfüllt, ich möchte so viel mehr wissen, als nur, wie es ihm allgemein geht und was es sich wünscht. Das natürlich auch. Mir geht es aber um tiefere Wahrnehmungen. Wenn ich die Bedeutung des Daseins eines Tieres wirklich erfahren möchte, ist es wichtig, dass ich mich nicht nur auf das Tier einlasse, sondern auch auf seine Energie, auf seine Umgebung und deren Energie sowie auf seinen Menschen und dessen Energie. Das bedeutet, dass ich mich weit öffnen muss, um all das in seiner Gänze wahrnehmen zu können.

Für mich ist Tierkommunikation gleichzeitig die Verbindung zu einer höheren, spirituellen Energie, zum Göttlichen und zu einer Informationsquelle, die der Biologe und Autor Rupert Sheldrake das „morphische Feld" nennt. Wir alle können auf diese Ebene, auf dieses „göttliche Wissen" zugreifen. Menschen, Tiere, Pflanzen, die ganze Natur sind Bestandteil dieser Energie. Wir alle sind miteinander „vernetzt" und mit jedem Gedanken, den wir denken, speisen wir dieses Feld. Alles Wissen ist dort gespeichert und für jeden, auch für jedes Tier, zugänglich.

Wenn ich mit einem Tier in Kontakt trete, um etwas von ihm zu erfahren, dann verbinde ich mich nicht nur mit diesem Tier,

sondern gleichsam mit dem morphischen Feld und der geistigen Welt, um ein allumfassendes Bild von diesem Tier zu erhalten. Sowohl das morphische Feld, als auch die geistige Welt agieren immer zum höchsten Wohle aller. Die Informationen, die von dort erfahrbar sind, machen die Tierkommunikation für mich zu einer „runden Sache" und bereichern sie immens. Gleichzeitig bedeutet es, dass wir Informationen von tiefer Bedeutung erhalten, die oft „überirdisch" klingen. Als ich damit begann, auf diese Weise mit Tieren zu kommunizieren, hatte ich oft das Gefühl, als spräche ich mit Engeln.

Wenn ich auf diese Weise mit dem Tier verbunden bin, bekomme ich nicht nur die Gefühle des Tieres übermittelt, sondern bekomme ebenso Antworten aus der geistigen Welt, die das Tier, seinen Menschen und dessen Leben betreffen. Es kommen immer die Antworten, die in diesem Moment wichtig sind für das Tier und seinen Menschen und die zu deren Wohl und Wachstum beitragen können.

Doch selbst wenn man sich „nur" auf die Gefühle und inneren Bilder einlässt, die das Tier dem Menschen übermittelt, wird man stark berührt werden und die Göttlichkeit im Tier erkennen.

Tierkommunikation bedeutet für mich also, dass ich Antworten, Informationen, Impulse erhalte, die nicht nur vom Tier, sondern auch von der geistigen Welt initiiert werden und über das Tier von mir wahrgenommen werden.

Dabei kommen die Gedanken, Energien, Gefühle, Informationen, die das Tier betreffen, auf die unterschiedlichsten Arten und Weisen bei seinem Gegenüber an. Der eine sieht Bilder, ein anderer empfindet und empfängt Gefühle, indem er sie selbst fühlt, wieder ein anderer hört Worte oder Sätze. Oft ist es auch eine Mischung aus alledem. Egal wie es geschieht, jeder, der sich bewusst mit einem Tier und der göttlichen Quelle verbindet, kann auf diesem Weg eine Information des Tieres bzw. über das Tier und sein Leben empfangen.

Tierkommunikation anzuwenden bedeutet etwas wahrzunehmen, was nicht über die üblichen, bekannten, äußeren Sinne übermittelt wird. Das Tier kann nicht im menschlichen Sinn sprechen, aber es hat dennoch etwas mitzuteilen. Es redet nicht auf herkömmlichem Weg, aber es sagt trotzdem etwas und hat Botschaften, die ihm wichtig sind. Anders als es dem Menschen möglich ist, zu reden ohne etwas zu sagen, sagt das Tier etwas, ohne zu reden.

Tierkommunikation ist keine Zauberei, sondern sie kann von jedem Menschen, der willens ist sich darauf einzulassen, ausgeübt werden. Die Voraussetzung hierfür ist nur, dass man offen dafür ist, dass man bereit ist mit dem Herzen, also mit der Energie, die von Herz zu Herz fließt, zu sehen und zu hören. Das ist es in ganz einfachen Worten ausgedrückt. Und welcher Tierhalter hat auch nur den geringsten Zweifel daran, dass sein Tier ihm mit offenem Herzen gegenüber tritt? Dieses offene Herz macht es möglich, in das Herz eines Tieres hineinzuschauen. Was ein jeder tun sollte, der auf mentalem Weg Kontakt zu einem Tier aufnehmen möchte, ist, bewusst zu leben und regelmäßig an und mit den inneren Sinnen zu arbeiten. Auch sollten wir das tun, was die Tiere schon immer tun, seit sie mit den Menschen leben, nämlich mit einem reinen und liebenden Herzen ohne jeden Egoismus, ohne jegliche Erwartung, ohne Erfolgszwang und ohne Vorurteile aufeinander zugehen. Wenn wir dazu bereit sind, dann werden wir mehr als reich beschenkt werden von jedem Tier, dem wir unser „inneres Ohr" leihen und auf das wir mit unseren „inneren Augen" schauen, denn dann kommen wir in die Lage, das Tier wirklich und wahrhaftig zu erkennen. Das ist das wirklich Wunderbare, die Tierkommunikation ist immer auch ein Weg zu sich selbst und zu den Antworten und dem Wissen, das wir bereits in uns tragen.

Auch wenn es einfach klingt, so gehört aber dennoch etwas mehr dazu, ein Tier wirklich zu verstehen. Denn es ist eine Sache, von einem Tier zu hören, was es gerne essen mag, aber eine andere, wenn es um seine verborgenen Gefühle, Ängste oder Nöte geht. In vielen Fällen sind die Tiere nur zu gerne bereit, uns tief in ihre Seele schauen zu lassen. Trotzdem erfährt nur derjenige die wahre Tiefe, der weiß, wie wichtig es

ist, das Tier als ebenbürtiges Wesen anzuerkennen, zu achten und zu respektieren. Eine Tierkommunikation sollte nicht nur, sondern muss immer von gegenseitigem Respekt geprägt sein, der auch einschließt, die Aussagen des Tieres achtsam und vorsichtig zu behandeln. Die Tiere vertrauen uns und wir sollten mit diesem Vertrauen nicht leichtfertig umgehen, sondern uns daran erfreuen und es als Beweis von Liebe annehmen. Ein Weg, dem Tier respektvoll zu begegnen, besteht darin, das Tier ernst zu nehmen. Der erste Schritt dorthin könnte sein, mit dem Tier zu reden, wie wir es mit einem erwachsenen Menschen tun würden. Das Tier ist zwar in vielen Fällen wie ein Kind für seinen Menschen, aber auf jeden Fall ist es ein Familienmitglied, dem Achtung gebührt, auch in Bezug auf die Art und Weise, mit der wir das Tier ansprechen.

Nun noch ein paar Worte dazu, wie die Zusammenarbeit mit Feli aussah, während dieses Buch entstand. Immer wenn ich die Aussagen und Informationen, die von/über Feli zu mir kamen niedergeschrieben habe, waren wir miteinander und mit der geistigen Welt „in Kontakt". Das Wunderbare dabei war und ist generell, dass die Tiere nicht vor oder neben uns sitzen müssen, damit wir mit ihnen in Verbindung treten und in Verbindung sein können. Kein Lebewesen muss körperlich anwesend sein, wenn wir mit ihm in Kontakt sein möchten. Auch die geistige Welt oder das Göttliche ist immer und überall da, und wir können uns immer und überall verbinden. Um diesen Vorgang besser zu verstehen, ist es hilfreich zu wissen, dass unsere Energie immer dort ist, wo auch unsere Gefühle oder unsere Gedanken sind. Denke ich also an jemanden, stelle ich so automatisch, bewusst oder auch unbewusst, die Verbindung zu ihm oder ihr her.

Ich verwende ein einfaches Ritual, wenn ich mich mit dem Tier, das ich sprechen möchte, verbinde. Ich stelle mir mein Herz (gemeint ist hier das Herzchakra, also das energetische Herz oder die Herzenergie) als ein Fenster oder eine Tür vor, das/die ich weit öffne. Gleichzeitig schicke ich einen hellen Lichtstrahl von meinem Herzen (aus dem Fenster/aus der Tür) zum Herzen des Tieres. Das kann geschehen, weil ich in mir das Bild entstehen lasse, wie aus meinem Herzen Licht zum Herzen des Tieres und wieder zurück fließt. Über diesen Lichtstrahl oder auch Licht-„Fluss" dürfen nun die Botschaften fließen, die fließen möchten.

So saß Feli in den seltensten Fällen direkt an meiner Seite, wenn ich ihre Worte niederschrieb. Aber wir waren dennoch immer miteinander verbunden. Wann immer die Verbindung zu ihr bestand, spürte ich es an einem warmen Gefühl, das sich in meiner Herzregion ausbreitete. Ich spürte, dass die Antworten, die sich ohne mein Zutun in meinem Kopf formten, von ihr und/oder aus der geistigen Welt kamen, weil sie teilweise so anders waren, als meine eigene Sicht- oder Ausdrucksweise und weil sie sich trotzdem – meist – gut und richtig anfühlten. Es ist ein Gefühl, das sehr schwer zu beschreiben ist. Aber wann immer die Finger über die Tastatur flogen und die Sätze sich fast von alleine formten, von denen ich nie wusste, wie sie letztendlich aussehen würden, spürte ich tief in mir, dass ich „in Kontakt" war. Natürlich passierte es, dass so mancher Satz, der auf diesem Weg zu mir kam, klingt, als käme er aus einer anderen Welt. Was soll ich dazu sagen: Genau das tut er ja auch. Manchmal hatte ich das Gefühl, einen Satz umformulieren zu wollen, weil er so anders klang. Aber ich weiß, dass das oft genau **die** Aussagen sind, die eine besondere Bedeutung haben. Selbst wenn sie mit dem Verstand nicht aufgenommen werden können, so wirken manch ein Satz, manch ein Wort doch tief und innig und treffen uns im Herzen, ob wir das bewusst spüren können oder nicht.
Wenn wir unsere tierischen Freunde wahrhaftig verstehen wollen, dann sollten wir immer und immer wieder versuchen, uns ihrer Sichtweise zu öffnen. Wir müssen dazu unsere eigene Meinung nicht aufgeben. Wir dürfen aber unserer – manchmal begrenzten – Blickrichtung eine neue hinzufügen. Und das macht tatsächlich reich! Es bringt Freude und Lebensqualität, zu verstehen, dass alles möglich ist, wenn wir es für möglich

halten. Und es zeigt Größe und Hingabe, wenn wir das annehmen können, was wir selbst nicht verstehen oder kennen. Diese Art zu denken und zu leben, erweitert unseren Horizont um ein Vielfaches. Und das ist der wirkliche Reichtum im Leben.

Ich habe stets versucht, mich an Felis Vorgaben/Aussagen bzw. an das zu halten und das in Worte zu fassen, was an Gefühlen und Impulsen von Feli zu mir kam. Dennoch wird natürlich meine persönliche Ausdrucksweise durchschimmern, weil ich alles, was von Feli zu mir gekommen ist, in meiner eigenen Sprache und der mir eigenen Art und Weise beschrieben habe. Tiere kommunizieren u. a. in Gefühlen und inneren Bildern, die der Mensch – damit sie ein Anderer besser verstehen kann – in Worte kleiden muss. Der Mensch, in diesem Fall also ich, kann aber natürlich immer nur das beschreiben und erklären, was er selbst kennt und nur so, wie er es eben tun kann. Ich habe mich während der Kontakte mit Feli immer sehr bewusst mit den Gefühlen, die von ihr zu mir kamen, auseinandergesetzt und versucht, diese in passende Worte zu kleiden, die zwar meine eigenen waren, die aber dennoch auch die Gefühle und das Wesen von Feli zum Ausdruck bringen sollten. Ich hoffe, dass mir dies gelungen ist.

Fragen des Lebens

… oder was Sie schon immer über Katzen wissen wollten. Bei den Fragen, die ich Feli stellte, ging es mir nie darum, irgendjemanden belehren zu wollen. Ich wollte auch keine zu schwerwiegenden Probleme aufgreifen, was sich allerdings im Laufe der Zeit, in der dieses Buch entstand, wie von Zauberhand gewandelt hat. Waren die Fragen, die ich Feli stellte, zu Beginn heiter und leicht, so gingen sie nach und nach wie von selbst immer mehr in die Tiefe. Genauso verhielt es sich mit Felis Antworten, zumindest kam es mir so vor. Für mich fühlte es sich so an, als seien sie immer intensiver geworden, immer mehr beseelt von etwas, das ich nicht näher beschreiben kann. Es sollte wohl so sein.

(Im vorliegenden Buch finden Sie die Fragen und Antworten allerdings nicht in chronologischer Reihenfolge vor. Es schien sinnvoll, sie in drei Haupt-Themenbereiche zu ordnen.)

Mein Wunsch war es, eine neue Sicht zu ermöglichen und diejenigen zu Wort kommen zu lassen, um die es letztendlich geht. Für manchen mögen die Antworten vielleicht fremd und unverständlich klingen. Aber das, was wir schon kennen, vermag uns eben nicht immer auch weiter zu bringen. Oft müssen wir unseren Blick in eine neue, unbekannte Richtung lenken, um Neues wahrnehmen zu können. Ich selbst habe mich oftmals gegen Meinungen gewehrt, die nicht meiner eigenen Vorstellung entsprachen, die, ganz im Gegenteil, meine eigene Meinung völlig auf den Kopf stellten. Doch nach und nach, wenn ich den/die neuen Gedanken einfach nur mal zuließ, merkte ich, dass etwas in mir in Bewegung kam, und dass gleichzeitig etwas in mir „aufgeweicht" wurde. Und nach einer gewissen Zeit dachte ich dann: Nun gut, vielleicht ist das doch nicht so schlecht, was der andere da sagt!? Dennoch hatte ich gleichzeitig auch Bedenken. Wenn ich einem anderen Recht geben würde, was sollte dann aus meiner bisherigen Meinung werden??

Keine Angst, das Leben ist keine Einbahnstraße, es lässt viele Meinungen und viele unterschiedliche Gedanken zu! Und es können durchaus mehrere Ansichten nebeneinander bestehen.

Es sollte auch gar nicht so sehr um Recht und Unrecht, bzw. um Recht haben oder im Unrecht sein, gehen. Davon abgesehen, muss man ja nicht immer Recht haben. Es gibt, meiner Erfahrung nach, nicht nur eine einzige richtige Meinung. Es gibt aber für jeden die, die für ihn ganz persönlich richtig sein kann. Für einen anderen kann es wiederum genau anders herum sein. Auch der Zeitpunkt spielt eine große Rolle. Das, was ich heute für richtig erachte, finde ich übermorgen vielleicht völlig daneben.

Lange Rede, kurzer Sinn, bilden Sie sich am besten immer ihre ganz persönliche Meinung und lassen Sie trotzdem auch die Meinung von anderen zu, selbst wenn diese sich nicht mit der Ihren deckt. Was heißt das schon? Eigentlich nur, dass das Leben sehr vielfältig ist, und dass es sehr viel zu erfahren und zu lernen gibt.
Womit ich endlich beim Thema wäre. Nehmen Sie das, was Feli von sich gab, als weitere von vielen Möglichkeiten in Ihr Lebensrepertoire auf. Sie müssen es nicht bewerten, sie müssen es nicht schlecht oder gut finden. Hören Sie einfach nur hin. In diesem Fall: Lesen Sie einfach nur. Wenn die Aussagen etwas in Ihnen zum Klingen bringen, dann erfreuen Sie sich daran. Wenn Sie sich vielleicht getröstet fühlen, genießen Sie dieses Gefühl! Wenn Sie aus ganzem Herzen lachen können, lassen Sie es zu! Vielleicht können Sie an der einen oder anderen Stelle etwas Neues lernen oder Sie fühlen sich bestätigt in Ihrem Denken und Handeln. Doch es kann genauso gut sein, dass Sie mit einigen der Aussagen von Feli überhaupt nicht einverstanden sind, diese Sie vielleicht sogar traurig oder wütend machen. Nicht alles, was ein anderer sagt, findet in uns eine positive Resonanz. Ich weiß, dass Feli einzig und allein ihre eigene Wahrheit zum Ausdruck bringen wollte, nicht mehr und nicht weniger. Ihre Aussagen kamen ohne Hintergedanken, aber immer mit dem Wunsch, den Menschen und der Welt auf ihre ganz eigene Weise zu dienen.

Meine Wunsch ist es, dass Sie das tiefe Wissen und die Klugheit, die in dem stecken, was Feli sagte, anerkennen und respektieren mögen, unabhängig davon, ob das Gesagte „Gnade" vor Ihren Augen findet oder nicht. So wie ich jedem von uns, Ihnen und mir, wünsche, dass wir jederzeit das zum Ausdruck bringen und immer das leben dürfen, was in uns steckt.

Vielleicht vermögen Sie am Ende des Buches hinter der äußeren Form der vermeintlich „kleinen" Katze, deren leuchtendes und strahlendes göttliches Wesen zu erkennen. Die äußere Form wird unwesentlich, wenn man bereit ist, das wahre innere Selbst eines Lebewesens zu sehen. Schauen wir auf diese Weise, dann wird das sichtbar werden, was viele Tierbesitzer von Ihren Tieren bereits wissen, dass nämlich wunderbare Seelen in ihnen stecken, egal wie groß oder wie klein sie sind!

Bevor ich damit beginne, Fragen an Feli zu stellen, möchte ich Ihnen an dieser Stelle erst einmal kurz darlegen, wie die Fragen zustande kamen und wie meine eigene und die gängige Meinung dazu sind. Ich habe mich natürlich umgehört, was Menschen gemeinhin interessiert im Zusammenhang mit Katzen. Und auch für mich gibt es viele Fragezeichen und Rätsel, wenn ich mich näher mit Katzen befasse. Oftmals ist mir ihr Verhalten sehr fremd, dann wiederum sehr bekannt. Ich kann mich in ihnen oft erkennen, aber manches Mal finde ich sie einfach nur „schräg".

So habe ich eigene Fragen und die, die mir Freunde und Bekannte im Lauf der Zeit nannten, aufgeschrieben und auf diese Weise die Fragen gesammelt, die ich Feli nach und nach gestellt habe.

Ich setzte mich also an meinen Schreibtisch – die Fragen im Kopf oder auf dem Papier vor mir – und baute die Verbindung zu Feli auf. Sobald ich spürte, dass sie „da" war, begann ich zu fragen: „Feli, was möchtest du mir zu diesem Thema sagen?" Und los ging es. Manches Mal konnte ich gar nicht so schnell schreiben, wie die Worte zu mir herüber sprudelten. Manches Mal war ich bass erstaunt über Felis Antworten. Und manches Mal spürte ich in mir auch einen gewissen Widerstand gegenüber dem Gesagten. Da es mir aber sehr wichtig war, Feli das sagen zu lassen, was ihr auf dem Katzenherzen lag, habe ich alles, wirklich alles aufgeschrieben, was sie mir übermittelte.

Damit Sie einen besseren Zugang zu den Fragen bekommen, schreibe ich, bevor Feli zu Wort kommt, eine kurze Erklärung zur jeweiligen Frage. Und genauso werde ich, wann immer es von meiner Seite aus noch Ergänzungen gibt, diese hinzufügen, sobald die Fragen von Feli beantwortet wurden.

Am Schluss jeder Fragesession können Sie meine Tipps finden, die Hilfe bieten, sich auf eine neue Weise mit dem jeweiligen Thema auseinanderzusetzen und auch ein klein wenig daran zu wachsen.

Für jeden gibt es sicher das eine oder andere Thema, das ihn besonders anspricht. So darf jeder nicht nur die Fragen und Antworten lesen, sich daran freuen und Neues aufnehmen. Es darf sich auch jeder intensiv mit den Themen befassen, die ihm im Moment ganz besonders auf der Seele „brennen" und damit „arbeiten". Aber immer, wenn möglich, mit „Freude und Leichtigkeit" wie Feli hinzufügen würde.

Sie dürfen sich selbst und/oder Ihre Katze(n) in jedem Abschnitt dieses Buches durchaus wiedererkennen und wiederfinden, natürlich nur, sofern Sie das möchten und dazu bereit sind. Wir alle dürfen in den Spiegel, den sie uns vorhält, hinein schauen! Noch schöner wird das Hineinschauen in den „Seelenspiegel", wenn wir dadurch herausfinden können wer wir sind, was wir wirklich wollen und vielleicht sogar erkennen, dass wir uns bereits auf einem guten Weg befinden. Feli und ich sind davon ausgegangen, dass Sie gerne bereit sind, die Verantwortung für das, was Sie in Ihrem ganz persönlichen Spiegel sehen werden und somit für Ihr Leben, zu übernehmen. Und genau so sollte es auch sein, denn nur so kann ein jeder sein Leben bewusst gestalten. Es ist der Wunsch von Feli und mir, dass Sie das eine oder andere für sich erkennen, annehmen und für Ihr Leben nutzen, zu Ihrem ganz persönlichen Wohl und dadurch auch zum Wohle anderer.

Meine erste Bitte an Feli war, dass sie einen Kontakt zu Ihnen, den Lesern des Buches, aufbauen möge. Ich bat sie einen Einstieg zu finden auf dem Weg zu den Herzen derer, die dieses Buch lesen.

Und los geht es ...

Hört zu!

... und zwar richtig.

Endlich darf ich zu Wort kommen.
Es ist wichtig, was ich zu sagen habe, wenn es auch die Welt nicht revolutionieren wird. Das wollen meine Worte sowieso nicht. Sie sind vielmehr Ausdruck meines inneren Selbst. Ich bin, was ich sage. Ich gebe, was ich bin. Alles was ich euch sage, kommt direkt aus tiefen inneren Quellen. Es sprudelt sehr stark in mir. Wie eine Quelle, die nie versiegt. An diesem bewegten Wasser in mir will ich euch alle teilhaben lassen. Ihr dürft von ihm kosten und schauen, wie es euch bekommt und wie es sich auf eure eigenen inneren Quellen auswirkt. Ich habe viel zu sagen, doch bin ich mir darüber im Klaren, dass nicht jeder meine Botschaft zu hören vermag oder sie vielleicht gar nicht hören will. Es ist auch keine Botschaft in dem Sinn, sondern es sind kleine Hinweise. Ebenso sind es keine allgemeingültigen Lebensweisheiten, es ist das Leben aus meiner Sicht.

Ich bin wie eine Blume, die am Wegesrand blüht, dazu da, euch zu erfreuen. Nehmt ihr die bunten, leuchtenden Farben, die nur Freude schenken wollen, nicht nur mit dem äußeren, sondern auch mit dem inneren Auge und mit allen euch zur Verfügung stehenden Sinnen wahr, dann kann dies den Weg erheitern und vielleicht sogar erleichtern. Wer jedoch nicht so intensiv hinschauen möchte, der darf das natürlich ebenfalls tun. Der Blume ist das egal. Sie blüht weiter!

Macht was immer ihr wollt, doch seid euch dessen bewusst.
Seid euch immer darüber im Klaren, was ihr tut.
Steht für das, was ihr tut! Was immer das auch sein mag.

Ich merke schon, ich bin bereits dabei, euch an meinem inneren Wissen teilhaben zu lassen. Dabei wollte ich doch ganz locker und leicht mit einigen netten Worten einen guten Einstieg in eure Herzen finden. Doch so kann es kommen, wenn man nicht mit Berechnung spricht, sondern wenn man es so sprudeln lässt, wie es eben sprudelt. Und wenn ich es recht bedenke, so ist dies doch

ein grandioser Start auf dem Weg zum Tor eurer Herzen. Wer es öffnen will, der öffne es, so dass meine Worte euch nahe kommen können.

Wie fühlt sich das für euch an, wenn euch meine Worte erreichen? Oder auch die Worte eines anderen Wesens? Das offene Herz lässt euch die Worte anders spüren, als dies der Fall ist, wenn das Tor zum Herzen geschlossen ist.
Ist euch das auch schon mal aufgefallen?
Das verschlossene Tor des Herzens steht hierbei für Ablehnung, die man seinem Gegenüber entgegenbringt.
Versteht ihr?
Was kann zu eurer Haustür hereinkommen, so lange sie geschlossen ist? Gar nichts. Nicht mal eine Katze. Die Katze braucht die Tür in der Tür, die jederzeit offen ist. Errichtet euch auch eine Tür in der jetzt vielleicht noch verschlossenen Tür eurer Herzen, so dass die Worte hereintreten können, die wichtig sind für euch. Die Worte, die nicht wichtig sind für euch, gehen von selbst wieder.

Ich habe noch viel zu erzählen, für euch. Ich gebe Antworten, die helfen können, die diesen Anspruch aber nicht haben. Der einzige Anspruch, den meine Antworten haben, ist der, dass sie Wahrheit sprechen wollen. Und immer ist es meine Wahrheit, die – fällt sie auf fruchtbaren Boden im Garten eurer Herzen – auch zu eurer Wahrheit werden kann.
Seid bereit und hört zu.
Hört zu.
Etwas, das ihr Menschen kaum noch wirklich könnt.
Hört hin, hört zu.
Denn nur wer richtig hinhört, wird auch richtig fühlen.

Nun bin ich gespannt, welche Fragen kommen werden. Ich bin auf jeden Fall bereit. Passt auf, dass ihr es auch seid.

Katzen und Menschen

Warum kommen Tiere zu ihren Menschen?

Was mich persönlich schon immer fasziniert hat, ist die Frage, warum Menschen so unterschiedliche Tierarten in ihr Leben holen. Wie kommt es, dass der eine Hunde über alles liebt, während für einen anderen nichts über ein Pferd geht? Von den vielen anderen Haustieren, die es gibt, ganz zu schweigen. Sicher liegt das zum einen daran, dass die Geschmäcker eben sehr verschieden sind. Aber es scheint doch noch sehr viel mehr dahinter zu stecken.

Viele Menschen kommen ja sowieso zu ihrem Haustier, wie die Jungfrau zum Kind. Ohne nach einem Tier zu suchen, werden sie von ihm gefunden. Da steht plötzlich eine Katze vor der Haustür oder im Urlaub wird man von einem Hund „adoptiert", es fliegt einem ein Wellensittich zu oder man liest oder hört von einem Tiernotfall in der Zeitung/von Freunden und kann nicht anders, als das Tier zu sich zu holen u. s. w..

Ich persönlich habe meine ganz eigene Meinung dazu. Für mich steckt in jeder Beziehung zwischen Mensch und Tier ein tiefer Sinn. Doch wie sehen das die Tiere? Beziehungsweise, was möchte Feli dazu sagen?

FELI:

Es ist ganz einfach und auch wieder nicht. Warum kauft ihr euch den roten Rock, obwohl der blaue doch viel schöner zu sein scheint? Ihr wisst es, nicht wahr? Weil euer Gefühl euch genau zu diesem Rock hingezogen hat. Weil der rote Rock, nachdem ihr ihn anprobiert und euch darin im Spiegel betrachtet habt, eure Augen zum leuchten brachte. Weil die Farbe Rot euch ganz wunderbar steht und weil ihr darin ausseht wie eine Königin.
Darum!
Darum habt ihr zum roten Rock gegriffen und nicht zum blauen. Das macht den blauen Rock jedoch keinesfalls wertlos. Denn auch der blaue Rock hat seine Liebhaber

bzw. seine Liebhaberin. Kommt der Mensch, für den der blaue Rock ein Geschenk ist, wird er automatisch darauf zu gehen.

Mit den Röcken und allen anderen Kleidungsstücken ist es offensichtlich genauso, wie es mit allem im Leben ist. Ihr müsst darauf schauen, dass ihr euch das holt, was ihr wollt, nicht das, was andere euch einreden wollen, wie es zum Beispiel geschehen kann, wenn ihr auf eine sehr geschäftstüchtige Verkäuferin trefft, die euch eine grüne Hose aufschwatzen will, obwohl ihr darin alles andere als gut ausseht. Sie jedoch, die Verkäuferin, die euch etwas aufschwatzen will, was euch offensichtlich nicht steht, scheint lediglich ihren Umsatz steigern zu wollen und ist nicht wirklich an euch und dem, was euch gut tut inter-essiert. Vielmehr hat sie ihr Augenmerk nur darauf gerich-tet, etwas zu verkaufen, egal was. Doch dieses Beispiel kann auch hinken, denn nicht jede Verkäuferin/jeder Ver-käufer ist so. Es gibt auch sehr viele, denen ihr und eure ganz persönlichen Bedürfnisse wichtig sind. Sie lassen sich auf euch ein und versuchen euch so zu sehen, wie ihr gesehen werden wollt. Sie versuchen, euch mit Ehrlich-keit zu begegnen. Dann, wenn die Ehrlichkeit im Vorder-grund steht, werdet ihr immer gut beraten werden. Die grüne Hose ist in so einem Fall schnell vergessen.

Was wollte ich damit eigentlich sagen? Ach ja, warum kommt ein bestimmtes Tier zu einem bestimmten Men-schen? Aus genau dem gleichen Grund. Weil es ihm gut steht! Weil es gut zu ihm passt! Weil es ihn sich gut füh-len lässt! Weil es ihm gut tut! Weil es sich gut anfühlt. Weil er sich danach sehnt. Und, und, und …

Mit den Tieren ist es übrigens genau das gleiche wie mit dem Einkaufen von Kleidungsstücken. Sucht man ver-zweifelt ein bestimmtes, findet man es einfach nicht. Doch schlendert man „nur so" durchs Städtchen, dann sieht man ganz viele Dinge, die einem das Herz erwär-men und die man unbedingt kaufen möchte. Darum nehmt immer genügend Geld mit!

Im Fall der Tiere heißt das, schaut immer mit bewusstem Blick um euch. Achtet darauf, was um euch herum passiert. Und seid offen für das nicht Offensichtliche. Denn es muss nicht immer das rote Kleidungsstück sein, am Ende steht euch Lila oder Pink genauso gut.

Lasst euch überraschen und gebt dem Schicksal immer eine Chance. Probiert die Hose an, wenn ihr das Gefühl habt, ihr müsstet es tun. Nur so erfahrt ihr, ob sie (zu) euch passt. Wenn ihr glaubt, dass nur Weiß die passende Farbe für euch ist, so habt ihr bald den ganzen Kleiderschrank voller weißer Sachen. Wie öde kann das aber sein! Natürlich dürft ihr der Farbe Weiß Raum geben, aber lasst auch andere Farben in euer Leben. Die vertragen sich gut mit dem Weiß und können euch und euer Leben zum leuchten bringen.

So geht es mit uns Tieren ebenso. Wenn ihr auf eine bestimmte Tierart steht, das ist gut, das hat seinen Grund. Doch verliert nicht den Blick für alle anderen, die ebenfalls gut zu euch passen würden.

Ihr dürft immer das genießen, was ihr liebt, was ihr bevorzugt, doch lasst auch dem Unbekannten, dem Neuen, Raum, dem nämlich, von dem ihr noch nicht wisst, was es ist. Vielleicht ist es eine Offenbarung für euch. Vielleicht ergänzt es das, was ihr schon habt und kennt. Warum nun das eine Tier dem einen Menschen mehr zusagt, als ein anderes oder die eine Farbe einem Menschen lieber ist und besser steht, als eine andere, das ist eben Teil seines Wesens und seines Lebens.

Dieses eine bestimmte Tier hat etwas, das dieser eine bestimmte Mensch braucht. Es kann ihm das geben oder zeigen, was für ihn wichtig ist.

Ich will es wieder mit einem bildhaften Vergleich versuchen.

Wenn ihr eine Energie ausstrahlt, die aussagt, dass ihr traurig seid, dann kommt diese Energie bei einem Tier

an, das entweder diese Traurigkeit ebenfalls ausstrahlt und sie euch somit deutlich machen kann, was euch wiederum helfen kann, diese zu überwinden. Oder die Energie der Traurigkeit trifft auf die Energie der Fröhlichkeit eines Tieres, das euch durch seine Fröhlichkeit in seinen Bann zieht und eure eigene traurige Energie umzuwandeln vermag. Beides ist möglich. Das, was ihr am besten annehmen könnt, bzw. das, was euch am ehesten entspricht, das, was ihr am meisten braucht, genau das wird kommen.

So kommt exakt das Tier, das ihr braucht.
Es kommt immer.
Nie kommt das falsche Tier.
Nie! Auch wenn ihr das manchmal denken mögt.

Mit den Tierarten ist es das gleiche. Es wird kein Hamster zu euch kommen, wenn ihr die Energie eines Pferdes anzieht oder ausstrahlt. Wenn ihr das braucht, was ein Pferd euch zu geben hat, dann wird es kommen. Ihr werdet euch jedoch niemals ein Pferd anschaffen, wenn dessen Energie nichts für euch ist. Es ist so. Macht euch keine Sorgen.
Doch kommt ein Tier zu euch, vielleicht auf tausend Umwegen, selbst wenn es eines ist, das ihr niemals wolltet, selbst wenn es eines ist, das euch zu ärgern scheint, selbst wenn es eines ist, das euch vermeintlich Kummer bringt, selbst dann ist es für euch gedacht. Ihr habt nach ihm „gerufen" und es ist gekommen. So einfach ist das. Drum achtet immer sehr darauf, wonach ihr „ruft". Oft scheint ihr gar nicht zu wissen, was ihr ausstrahlt, was ihr ruft. Lernt euch selbst erst besser kennen, bevor ihr anfangt in die Welt hinaus zu rufen. Der Ruf, ist er erst einmal erfolgt, wird irgendwann auch gehört werden, von wem auch immer. Darum seid euch eurer Rufe, eurer Wünsche, eurer Gedanken, eurer Träume, eurer Taten immer und überall bewusst.

Mein Frauchen zum Beispiel ruft lautstark nach Katzen. Und so finden schon seit einigen Jahren nur noch Katzenseelen zu uns bzw. zu Frauchen. Das hat seinen Grund. Es scheint momentan ganz weit oben auf ihrem Lebensplan zu stehen, das Wesen der Katze verstehen zu lernen und das zu leben, was der Katzenseele eigen ist. Warum das bei ihr so ist, will ich nicht verraten. Das wäre zu persönlich. Aber wenn ihr möchtet, werde ich später auf das Zusammenleben von Menschen und Katzen näher eingehen. Und ich bin sicher, dass ihr das möchtet. Jede einzelne Katze auf dieser Welt und ich im Besonderen, wir alle danken euch dafür.

Ich möchte dazu passend noch erzählen, wie es aussehen kann, wenn man nach einem bestimmten Tier „ruft", so, wie es mir selbst vor einigen Jahren passiert ist. Damals, während eines Urlaubs in Kärnten, sahen mein Mann und ich jedes Mal bei unserem Abendspaziergang vor einem Bauernhaus eine wunderschöne Katzenmutter mit ihren weißen Katzenbabys. Die kleinen weißen Fellbündel gefielen mir so gut, dass ich begann mir in Gedanken vorzustellen, wie es wohl wäre, eines davon mit nach Hause zu nehmen. Auf Nachfrage erfuhren wir, dass alle Welpen leider schon vergeben waren. Damit war diese Geschichte aber noch nicht zu Ende. Dazu war mein „Ruf" wohl doch zu laut gewesen. Als ich aus dem Urlaub zurück nach Hause kam, erhielt ich den Anruf einer befreundeten Tierschützerin, die mich bat, eine Katzenmutter mit ihrem Baby aufzunehmen. Sie werden es vielleicht schon ahnen, und ich selbst wunderte mich auch gar nicht, als ich auf Nachfrage erfuhr, dass das Katzenbaby weiß war. Wir gaben ihr den Namen „Bianca" (das ist italienisch und heißt „die Weiße") und sie wurde Felis Freundin.

Tipp:

Um herauszufinden, welches Tier zu Ihnen passt, können Sie erst einmal damit beginnen, alle Eigenschaften aufzuschreiben, die Ihnen wichtig sind. Im Fall, dass eine Katze das Tier Ihres Herzens ist, könnten das zum Beispiel die folgenden sein: Freiheitsliebe, Unabhängigkeit, Eigensinn, Widersprüchlichkeit, Distanz, Leichtigkeit, Emotionalität, Unangepasstheit, Individualität und einige mehr. Ebenso kann es hilfreich sein, sich klarzumachen, welche Elemente am stärksten bei einem selbst hervortreten, ob Sie also mehr dem Feuer-, dem Erd-, dem Wasser- oder dem Luftelement angehören.

Selbstverständlich hat jedes Lebewesen alle Elemente in sich vereint. Doch gewisse Elemente kommen stärker zum Vorschein, als andere. Katzen gehören – wie Feli später noch aussagen wird – besonders dem Feuer-, aber auch dem Luftelement an.

Menschen, in denen das Erdelement im Vordergrund steht, könnten sich mit einer Katze vielleicht ein wenig schwer tun. Möglicherweise könnte die Katze ihnen aber auch dabei behilflich sein, dem Feuerelement mehr Raum zu geben. Alles kann möglich werden. Machen Sie die Suche nach einem neuen Tier ein wenig zur Suche nach sich selbst. So werden Sie mit der neuen Katze – sofern es die Katze ist, die ihr Herz berührt – auch die Katze in sich selbst entdecken.

Katzen und Menschen

Warum leben Katzen mit Menschen zusammen?

In früheren Zeiten habe ich mir nie besonders viele Gedanken darüber gemacht, warum Tiere bzw. Katzen mit Menschen zusammen leben. Ich hatte damals noch nicht das Bewusstsein, zu erkennen, dass Tiere Einfluss auf das gemeinsame Zusammenleben haben. Damals ging mein Denken in die Richtung, dass es der Mensch sei, der das Zusammenleben zwischen Katze/Tier und Mensch ermöglicht und bestimmt und dass es einfach „nur" schön und natürlich höchst edel ist, mit einem Tier zusammenzuleben. Gleichzeitig habe ich jedoch gespürt, dass es etwas gibt, das die Verbindung und das Zusammenleben von Mensch und Tier zu etwas Besonderem und Einzigartigem macht.

Mein Herz hat sich schon immer nach einem Tier gesehnt.

Egal, wie ich es früher empfunden habe, zwischenzeitlich haben Katzen und alle anderen Tiere, die dem Menschen zur Seite stehen, einen neuen Stellenwert für mich gewonnen. Ich sehe sie als Wegbegleiter, ja sogar als Wegbereiter und natürlich als Freunde.

Ob sie es wohl ebenso sehen?

FELI:

Ich glaube zu ahnen, was ihr dazu denkt, nämlich, dass der Mensch die Katzen zu sich nach Hause geholt hat, dass der Mensch der Katze eine „Anstellung" gab, eine Aufgabe.

Das ist richtig.

Aber warum tat er das?

Und wie hat sich diese Aufgabe weiterentwickelt? Der Mensch hat sich geöffnet und die Katze(n) in sein Leben herein gelassen. Er hatte für sich gute Gründe gefunden, den Katzen Tür und Tor zu öffnen und damit meine ich nicht nur die Tür in seine Wohnung. Er wusste es nicht, es war ihm nicht bewusst als es geschah, aber der Mensch öffnete auch die Tür zu seinem Innersten. Der Mensch

rief und wir kamen. Tatsächlich war es so. Weise Menschen erkannten schon lange bevor ihr auch nur ahntet, dass es uns gibt, auf welchen Wegen wir euch hilfreich sein können. Hiermit ist keinesfalls die Hilfe gemeint, die ihr bei diesem Satz vor Augen habt. Ihr dachtet und denkt, dass wir hauptsächlich deshalb an eurer Seite waren – und teilweise noch sind – um die Mäuse für euch zu fangen – obwohl wir natürlich die Mäuse nie für euch, sondern immer nur für uns fingen und fangen. Es liegt ausschließlich in der Natur des Menschen, berechnend sein zu können. Wir sind das nicht. Wir hörten aber den Hilferuf, kamen und blieben.

Aber der Hilferuf alleine ist nicht der Grund unseres Hierseins. Wenn es so wäre, wären viele Wohnungen leer und keine schnurrende Katze würde sie schmücken, denn wer hat heutzutage schon noch Probleme mit Mäusen?

Ihr wollt wirklich verstehen, warum wir da sind?
Ich spreche nun für mich und meinesgleichen, wenn ich sage, dass wir da sind, euch die Liebe und die Freude nahe zu bringen, euch daran zu erinnern. Das was ihr nicht mehr vermögt zu sehen, wollen wir in euer Leben zurück bringen.

Das Mäuseproblem der heutigen Zeit in euren Leben, sind die kleinen und auch großen Sorgen, die gleich Mäusen durch eure Gedanken huschen, sich einnisten und sich unkontrollierbar zu vermehren scheinen. Kaum ist eine Sorge „eingefangen", steht schon der nächste Sorgentrupp vor der Tür. Diese kleinen und großen Sorgen nagen, gleich Mäusen, an euch, durchlöchern die glatte Fassade eures Seins und sind viel zu oft allgegenwärtig. Und jetzt kommen wir ins Spiel, die Helden auf vier Pfoten, die edlen Retter im samtweichen Fell.

Ich möchte durch meine saloppe Wortwahl keinesfalls den Verdacht aufkommen lassen, dass alles nur ein Spaß ist, dass wir das alles nicht ernst nehmen.

Das stimmt so nicht und stimmt doch irgendwie.
Denn für uns – lässt man uns so sein, wie wir es uns vorstellen – ist das Leben ein Spaß. Wir nehmen nur das ernst, was ernst genommen werden will und das ist nicht so viel, wie ihr denken mögt.
Doch ich könnte auch anders argumentieren und sagen, dass wir den Spaß sehr ernst nehmen, ihn geradezu zelebrieren. Für uns ist jeder Tag, an dem wir keinen Spaß erlebt haben, ein verlorener Tag. Aber eigentlich kommt das bei uns so gut wie nie vor. Wir verstehen es, aus jedem Ereignis etwas zu machen. So wie ihr Menschen aus einer Mücke einen Elefanten machen könnt, so können wir Katzen den Elefanten zurück in eine Mücke verwandeln. Gleichzeitig können wir Dinge groß und wichtig erscheinen lassen, auf die ihr nicht einmal einen müden Blick werfen würdet.
Nehmt als Beispiel die Umgebung in der ihr lebt. Kaum ein Mensch ist mit seinem Umfeld, mit seiner Wohnung, seinem Haus, der Einrichtung seiner Wohnung so richtig zufrieden. Immer findet ihr etwas, was euch stört, was besser sein könnte oder sollte. Ihr habt die Gabe, den Fleck an der Wand in den Mittelpunkt zu rücken, ob er das will, oder nicht. Wir Katzen hingegen haben kein Problem mit dem Fleck an der Wand, außer, dass er uns zur Freude werden kann, weil wir ein Spiel mit ihm treiben und die Wollmaus unter der Couch, die für euch ein rechtes Ärgernis sein kann, ist ein Spielzeug für uns.

Ihr versteht sicher, was ich damit zum Ausdruck bringen will und damit auch deutlich zu machen versuche, warum wir so wichtig für viele von euch sind. Ihr versäumt so viel, wenn ihr das tut, was ihr tut. Ihr schielt nach dem Perfekten und überseht, dass ihr bereits vollkommen seid.
Oh, ich höre euch jetzt aufschreien, dass ihr euch keinesfalls für perfekt haltet. Euch selbst nicht und schon gar nicht das Zuhause, in dem ihr lebt.

Wisst ihr, was mich immer wieder erstaunt? Wie sicher ihr die Gabe beherrscht, Dinge negativ sehen zu wollen, fast jeder von euch. Das kommt daher, dass ihr nicht ihr selbst sein wollt, sondern immer danach strebt, jemand anderes zu sein. Ihr schaut immer auf das, was ihr nicht habt und nicht auf die Fülle dessen, was euch gehört. Selbst wenn ihr zwei Autos, zwei Fernseher, ein Haus, einen wohl gefüllten Kühlschrank und einen vollen Kleiderschrank euer Eigen nennt, immer noch sucht ihr nach mehr.

Ihr wisst nicht mehr, wie man die Freude in den kleinen Dingen findet und darum findet ihr sie auch nicht mehr im Großen. Ihr denkt, ihr habt eine Katze, um der Katze willen, doch ihr habt die Katze, um euer selbst willen. Ihr wollt mit unserer Hilfe wieder dieses Gefühl spüren, das ein perfektes Lebewesen ausstrahlt. Ihr wollt euch an unserer Schönheit erfreuen, damit ihr eure eigene Schönheit wieder erkennt. Ihr betrachtet voller Staunen unsere Fähigkeit aus dem kleinsten Moment ein Fest zu machen. Ihr bewundert unsere Ehrlichkeit und die vielen, vielen Facetten unseres Wesens. Alles, was wir euch zeigen dürfen ist etwas, was euch fehlt, was ihr braucht, was ihr euch innig wünscht. Wir sind da, um die Welt für euch wieder zu dem zu machen, was sie ist, was ihr aber nicht mehr sehen könnt: Ein Platz um wirklich zu leben! Ein Ort, um Freude zu empfinden und ein Platz, um sich selbst finden zu dürfen. Alles, was wir Katzen (und ich kann sogar sagen, das trifft für alle Tiere zu, die mit Menschen zusammen leben) im Außen tun, ist ein Spiegel dessen, was möglich sein kann.

Unser Dasein und unser Tun sind auch Zierde, so wie ihr ein Geschenk schön verpackt, obwohl es doch selbst schon so schön ist. Wir vermögen den schönen Dingen einen noch schöneren Rahmen zu verleihen. Wir sind außerirdisch und haben das Ziel, euch das irdische in seiner ganzen Pracht wieder nahe zu bringen.

Ich möchte euch dazu ein Beispiel nennen. Stellt euch vor, ihr sitzt auf eurer Terrasse auf einem Liegestuhl mit einem Buch in der Hand. Doch statt das Buch zu lesen, schweift euer Blick missmutig über den Garten und über das, was ihr Unkraut nennt. Ihr seht all das, was zu tun ist und könnt den Moment überhaupt nicht genießen. Nun tritt eure Katze auf den Plan.

Sie spürt euren Mangel an Freude und macht sich ans Werk. Sie spielt mit dem Schmetterling, der gerade an einer wunderschönen Blüte nascht. Sie tut ihm nichts, denn auch sie mag ihn, doch sie neckt ihn und springt hinter ihm her. Als ihr dieses Bild der Freude seht, kommt auch in euch die Lebensfreude auf. Ihr versteht auf einmal, was euch euer Garten zu geben vermag. Das Unkraut verschwindet aus eurem Blick und ihr könnt euch entspannt zurücklehnen und nach eurem Buch greifen.

Versteht ihr, was ich damit sagen möchte? Erkennt ihr, dass wir eine wirklich große Aufgabe haben an eurer Seite? Ihr denkt so oft, dass wir nur dazu da sind, uns von euch verwöhnen zu lassen und unseren Spaß zu haben. Natürlich ist das zu hundert Prozent richtig. Aber indem wir euch uns verwöhnen lassen, indem wir euch an unserem Spaß teilhaben lassen, geben wir euch so viel mehr.
Denkt bitte immer daran, dass wir für euch da sind. Dankbar nehmen wir eure Gaben an, und voller Hingabe geben wir das unsere an euch.

Wenn es uns gelingt – und sei es nur für den Bruchteil eines Augenblicks – euch euer Herz und die Wärme und Freude, die möglich sein können, spüren zu lassen, dann haben wir unsere Aufgabe erfüllt. Wir sind die Botschafter der Wahrheit, wir möchten euch zu euch selbst führen.
Wir sind da.
Wir lieben euch.

Seid ihr mit uns und unseren Handlungen einmal – und das kommt auch vor, leider – nicht einverstanden, dann erinnert euch, dass es eure eigene Unzufriedenheit sein kann, die wir euch da vor Augen halten. Wir können nicht anders. Wir sind niemals böse, wir handeln immer so, wie wir es fühlen. Und neben dem Versuch eure Herzen zu öffnen, hat jede(r) von uns noch ganz individuelle Aufgaben an eurer Seite. Wir helfen, wärmen, schützen und erfreuen, auf unsere ganz eigene Art und Weise, immer in dem Bestreben, das Menschliche im Menschen an die Oberfläche zu bringen. Wir wünschen uns nichts mehr, als den Menschen wieder ganz werden zu lassen. Sein Innen und sein Außen dürfen sich zusammen tun und eine Einheit werden. Das Tun im Außen soll übereinstimmen mit dem Gefühl im Innen. Wir sind da, damit ihr euch wieder fühlen könnt. Wir sind da, damit über dieses Gefühl die Freude in euer Leben einkehrt. Wir sind da, euch zu zeigen, dass ihr lieben könnt.

Tut es und tut es bitte immer auch für euch. Das alles und nur das ist der Grund unseres Daseins im Leben eines jeden von euch.

Ich empfinde es als ganz wunderbares Geschenk, dass das so ist, wie Feli es beschreibt. Ich ahne aber gleichzeitig, dass dieses Geschenk, das uns die Tiere durch ihr „bei uns sein" anbieten, oft nur schwer angenommen bzw. umgesetzt werden kann. Aber ich weiß auch, dass das Leben vieler Menschen sehr viel ärmer wäre, sowohl an Freude als auch an Sinn, wenn nicht ein Tier als Begleiter zur Stelle wäre. Und ich verstehe, was Feli damit meint, dass jedes Tier noch seine ganz individuelle Aufgabe an der Seite seines Menschen hat. Jeder Mensch hat ja auch seine ganz individuelle (Lebens)Aufgabe, die darauf wartet, von ihm gelöst zu werden. Diese Aufgaben können so unterschiedlich sein, wie die Menschen unterschiedlich sind. Jedes Tier steht also seinem Menschen zur Seite, genau so wie dieser es braucht.

Tipp:

Geben Sie Ihrer Katze (generell jedem Haustier!) eine Aufgabe innerhalb der Familie. Vielleicht möchte sie auf eine ganz besondere Weise für ihre Menschen da sein. Sei es, dass sie Trost spenden oder dass Sie mehr Spaß und Spiel ins gemeinsame Leben bringen will. Erkennen Sie das an! Es kann sein, dass Ihre Katze für einen bestimmten Menschen innerhalb der Familie von besonderer Bedeutung ist (Katzen können für Kinder äußerst hilfreich sein!) oder, dass sie helfen möchte, neue Beziehungen nach außen herzustellen. Lassen Sie Ihre Katze wissen, wie dankbar Sie ihr dafür sind. Loben Sie sie dafür. Laut oder auch nur in Gedanken! Schauen Sie auf das, was Ihre Katze zum Ausdruck bringt und lassen Sie sie aktiv an Ihrem (Innen)Leben teilhaben. Haben Sie gleichzeitig ein wachsames Auge auf die individuellen Gaben Ihrer Katze und versuchen Sie, diese zu fördern, sofern die Möglichkeit dazu besteht.
Neben der Aufgabe, die jede Katze gerne übernimmt, darf und soll sie aber immer auch ganz und gar Katze sein dürfen, denn **d a s** ist ihre Hauptaufgabe: Katze sein!

Katzen und Menschen

Wie sehen Katzen die Menschen?

Auf die Beantwortung dieser Frage bin ich ganz besonders gespannt. Ich kann mir gut vorstellen, dass der Mensch eine andere Vorstellung davon hat, wie er durch die Augen seiner Katze wahrgenommen wird, als dies vielleicht tatsächlich der Fall ist. Ich persönlich war in Zeiten, da mein Bewusstsein noch nicht den heutigen Stand erreicht hatte, der Meinung, dass es ein Akt der Güte und Nächstenliebe von mir ist, wenn ich mich um ein Tier kümmere. Es brachte mir nicht nur Freude, sondern in viel größerem Ausmaß streichelte es mein Ego, so viel für ein vermeintlich hilfloses Wesen tun und sein zu können. Tiere hatten für mich in früheren Zeiten sogar manches Mal den Status des Opfers, das auf die Menschen angewiesen ist.
Mittlerweile glaube ich zu wissen, dass wir uns diesbezüglich gründlich irren.

FELI:

Viele Menschen lieben es zu glauben, dass wir zu euch aufschauen – was durchaus der Fall sein kann. Dann ist es aber kein Aufschauen im Sinn von Bewunderung, sondern ein Aufschauen im Sinn von Gleichgesinntheit und Erkenntnis. Wir bewundern nicht, wir lieben, das ist ein großer Unterschied.
Wenn wir zu einem Menschen aufschauen bedeutet das, dass wir ihn erkennen und in seiner ganzen Größe wahrnehmen. Das ist ein Unterschied zu dem, was ihr unter Bewunderung versteht. Weiter leben einige von euch in dem Glauben, dass wir voller Dankbarkeit für euer Handeln uns gegenüber um eure Beine streichen und dass wir voller Dankbarkeit und Demut darauf warten, von euch gefüttert zu werden. Glaubt nicht, dass wir es nicht zu schätzen wissen, wenn wir eure Fürsorge und eure Betreuung genießen dürfen.
Doch ihr seht – wie so oft – nur eine Seite der Medaille. Tatsächlich scheinen viele von euch zu glauben, dass wir

euch als Überkatzen oder Beschützer sehen. Nun, ich wer-
de euch jetzt ein wenig enttäuschen müssen. Es ist nicht
so, dass ihr nicht tatsächlich eine große Bedeutung für
uns habt. Wir sind euch immer und jederzeit in Liebe zu-
getan. Immer und jederzeit. Wir sehen eure innere Größe,
wir schauen auf den Grund eurer Seele und sehen dort
euer wahres Wesen. Aber gleichzeitig sehen wir auch uns
als große Wesen an eurer Seite.
Wir halten uns für gleichberechtigt, für gleich groß, für
gleich wertvoll, für gleich wichtig.

Ihr Menschen seid liebe und gleichzeitig so sonderbare
Wesen. Ihr reduziert eure Mitlebewesen auf ihre körper-
liche Größe und ihre Fähigkeit in der materiellen Welt zu-
recht zu kommen. Ihr habt schon lange vergessen oder
auch verdrängt, dass in der Natur kein Lebewesen den
Menschen benötigt, um rein materiell zu überleben. Auch
wir Katzen könn(t)en ohne den Menschen (über)leben.
Wir begaben uns freiwillig in eure Hände und somit in
eine gewisse Abhängigkeit. Uns ist diese Abhängigkeit
zwar bewusst aber sie ist dennoch nie so, wie ihr sie seht.
Gleichzeitig ist sie uns auch gar nicht so wichtig, wie sie
euch zu sein scheint. Wir können uns vielmehr an ihr er-
freuen.

Es ist in der Tat ein schönes Gefühl, einen gut gefüllten
Teller vorzufinden. Es macht wirklich große Freude, einen
warmen und sicheren Platz zu haben, besonders an kal-
ten Tagen. Wir lieben es sehr, von euch verwöhnt zu wer-
den. Leider vergesst ihr, bei allem was ihr für uns tut,
dass ihr es – und vielleicht sogar in erster Linie – für euch
selbst tut, auch wenn ihr euch dessen nicht wirklich be-
wusst seid. Dabei ist es gar nichts Schlimmes, etwas für
sich selbst zu tun. Ganz im Gegenteil. Ich habe leider
schon viel zu oft erlebt, dass ihr dies weder zu wissen
scheint, noch erkennt. Ihr tut etwas und denkt gleichzei-
tig darüber nach, was das für den anderen bedeuten mag.

Es ist euch sehr wichtig, in welches Licht ihr durch euer Handeln gerückt werdet. Ihr möchtet so gerne gut sein bzw. ihr möchtet als gut (an)erkannt werden – ohne, dass ihr euch selbst als gut (an)erkennt.

Wir Katzen sehen das Gute in euch und freuen uns daran. Wir sehen euch als gute Lebewesen, die jedoch ihre eigene Schönheit, ihr eigenes „gut sein" selbst nicht sehen oder anerkennen können. Das wiederum macht uns sehr traurig, denn wir verstehen, dass kein Mensch im Leben wirklich Großes tun kann, wenn er nicht erkennt, dass er selbst groß ist.
Niemals könnte eine Katze eine Maus fangen, wenn sie nicht davon überzeugt wäre, dass sie es könnte. Niemals könnten wir unser Potenzial voll ausschöpfen, wenn wir uns dessen nicht bewusst wären. Wir sind von unserem Können überzeugt, wir spüren die Kraft in uns, die uns befähigt, Dinge zu tun, die groß sind. Wir sind mit dieser Kraft verbunden, diese Kraft ist mit uns verbunden.

Ihr lieben Menschen versucht, im Außen diese Kraft zu demonstrieren, die im Innen von euch überhaupt nicht wahrgenommen wird. Ihr trainiert eure Muskeln, ohne wirklichen Spaß, wie mir scheint. Ihr trainiert euer Gehirn, und auch dabei scheint der Spaß eher nebensächlich zu sein.
Aber was die wenigsten von euch trainieren, was mir und vielen meiner Schwestern und Brüder aber sehr wichtig zu sein scheint, ist die Kraft in eurem Inneren und die Wärme im Herzen spüren zu lernen. Auch das kann man trainieren, glaubt es ruhig. Doch ist dieses Training so wenig spektakulär, dass es einerseits keinen Eindruck macht oder machen würde, andererseits ist es so schwer, dass ihr glaubt, das nicht zu können.
Was ihr dazu tun müsst, ist nur still und friedlich zu sein. Die Kraft des Herzens spürt ihr nur, wenn ihr still seid. Den Kontakt zu eurem wahren Selbst könnt ihr nur auf-

bauen, wenn ihr nichts tut, außer im gegenwärtigen Moment zu sein. Doch das fällt den meisten von euch so schwer, dass ihr es erst gar nicht versucht. Mehr noch, ihr sprecht dem ganzen die Fähigkeit ab, sinnvoll für euch und euer Leben zu sein. Ihr macht euch vielleicht sogar darüber lustig und trainiert lieber weiter eure Muskeln. Ihr werdet stärker und gleichzeitig schwächer.

Doch lasst euch gesagt sein, dass beides möglich und auch sinnvoll ist. Nur eines von beiden bringt nicht viel, wenn auch das Training der Herzensenergie alleine durchaus eine große Wirkung hervorzubringen vermag. Das alleinige Muskeltraining jedoch ist eine Farce. Weder vermag euch ein gut trainierter Muskel auf Dauer glücklich zu machen, noch verhilft er euch, euer Leben mit Freude zu meistern. Er ist lediglich ein äußeres Merkmal.
Schaut einfach auf uns, die wir unseren Körper mit Freude in Form halten, einfach indem wir uns bewegen und dabei unseren Spaß haben. Wir tun es absichtslos, wir bewegen uns nicht weil wir damit etwas erreichen wollen, es sei denn, wir jagen hinter etwas her. Aber wenn wir durch den Garten oder durch die Wohnung streifen, dann geschieht dies nicht, um Muskelaufbau zu betreiben, sondern um das Leben auszukosten.

Erkennt und versteht ihr den Unterschied?
Ihr lieben Menschen seid zu sehr im Außen und zu wenig bei euch selbst. Ihr dürft aber sowohl im Außen, als auch bei euch sein aber keinesfalls nur im Außen und zu wenig oder gar nicht bei euch.
Der innere Raum wartet so sehr darauf, von euch entdeckt und genutzt zu werden.
Es kann ein Abenteuer sein, wenn ihr nur aufhören könntet, euch ihm zu verweigern. Ich möchte noch einmal betonen, dass wir euch als liebenswerte und liebevolle Wesen an unserer Seite sehen, die ihre vermeintlichen Schwächen kultivieren und die Stärken nur zu gerne über-

sehen. Ihr vergesst den wahren Sinn im Leben, der in euren Herzen geschrieben steht.
Ihr schaut und seht nichts, ihr hört und versteht nichts, ihr sprecht und sagt nichts. Denkt daran, es ist nicht das achtlos ausgesprochene Wort, das wichtig ist, es sind der ehrliche Gedanke und das ehrliche Gefühl, die Ausdruck finden möchten.

Wir sehen euch immer als die, die ihr seid. Ihr seid für uns das, was wir für euch sein möchten: wertvoll.
Wir sehen euch mit den Augen der Liebe und verurteilen nicht.
Wir zeigen den Unterschied und drücken aus, was möglich sein könnte.
Wir lieben euch, egal was ihr tut.

Danke Feli, es tut gut, das zu hören. Was kann es Schöneres geben, als mit den Augen der Liebe wahrgenommen zu werden?

Gleichzeitig überlege ich mir, wie sinnvoll ich selbst meine Tage gestalte. Schaue ich zu sehr auf das, was andere über mich denken? Oder bin ich frei davon und höre auf das, was ich wirklich will? Weiß ich überhaupt, was ich will? Auf jeden Fall will ich noch heute damit anfangen, darüber nachzudenken!

Tipp:

Versuchen Sie, sich selbst mit den Augen Ihrer Katze zu sehen. Versuchen Sie, sich in den Augen Ihrer Katze zu erkennen. Versuchen Sie, einen Tag lang wie eine Katze zu sehen, zu riechen, zu fühlen, zu schmecken. Seien Sie einen Tag lang Katze. Achten

Sie dabei hauptsächlich auf die innere Sichtweise, auf das „innere Gefühl". Schreiben Sie auf, wie Sie sich als Katze fühlen. Wenn Sie mögen, gehen Sie noch einen Schritt weiter und versuchen Sie zu verstehen, wie Ihre Katze Sie wahrnimmt. Sie werden staunen, was es alles an Wunderbarem zu entdecken gibt!

Katzen und Menschen

Wie empfinden Katzen menschliche Rituale?

Aus der Sicht von Katzen (und allen anderen Tieren) mag vieles merkwürdig erscheinen, was wir tun. Ich weiß, dass viele Tiere unter lauten Geräuschen leiden und an Tagen bzw. in Nächten – wie zum Beispiel in der Silvesternacht – regelrecht durchdrehen können. Mir selbst passiert es leider des Öfteren, dass ich beim Fußballschauen (ja, ich oute mich hiermit als Fußballfan), im Falle eines Tores meiner Lieblingsmannschaft, auch schon mal sehr laut werden kann, was meine Katzen mitunter sehr erschreckt. Gar nicht so selten ist Feli schon panikartig von meinem Schoß gesprungen und nach draußen geeilt, weil mein Torjubel wieder einmal zu laut geraten war. Katzen scheinen demzufolge keine Fußballfans zu sein. Auch bei Geburtstagsfeiern mit vielen Gästen, lauter Musik und entsprechender Geräuschkulisse begeben sich unsere Katzen lieber in ein stilles Eckchen anstatt sich locker unter die Gäste zu mischen. Nur die Unerschütterlichen und diejenigen, die vom Buffet partizipieren wollen, bleiben uns in solchen Fällen erhalten. Der Rest der kätzischen Crew zieht sich ins Obergeschoss zurück und schläft vor.

Vielleicht kann Feli mir einen Hinweis geben, wie menschliche Feste und Rituale aus der Sicht einer Katze optimiert werden können.

FELI:

Das Erste, was ich euch sagen möchte, ist, dass ihr Menschen sehr oft viel zu laut seid. Ich glaube ihr merkt das schon gar nicht mehr, weil um euch herum sehr oft ebenfalls viel Lärm ist. Das führt dann dazu, dass ihr die leisen Töne nicht mehr wahrnehmen könnt.

Rituale selbst finde ich sehr schön. Sie sind eine besondere Möglichkeit, um einer Energie, einer Frage, einer Antwort, einem inneren Gefühl zum Ausdruck zu verhelfen.

Sie können der Start in einen Weg werden, für die, die Wege auf eine neue Weise gehen möchten. Oder sie werden zur Startrampe für die, die etwas ganz besonders achten und ehren wollen. Auch wir Katzen leben Rituale, zum Beispiel wenn wir einander zum ersten Mal begegnen. Oder wenn wir einen besonderen Tag begrüßen. Oder wenn wir uns für einen Partner öffnen. Was von den Menschen oft als instinktives Verhalten dargelegt wird, sind in Wahrheit Rituale.

Alles im Leben kann ein Ritual sein oder werden. Die Seele wünscht sich sehr oft diesen feierlichen Weg, um sich geehrt zu fühlen. Ich sehe jedoch sehr wenig Ehre und Achtsamkeit in einigen eurer Rituale. Diese Krachrituale mögen ja durchaus ihre Berechtigung haben, doch fehlt ihnen mittlerweile das rechte Maß. Die Menschen haben es sich offensichtlich zum Ziel gemacht, immer noch einen drauf zu setzen. Ihr erkennt nicht mehr den Sinn im Kleinen und Feinen. Groß und mächtig soll alles sein. Doch die Lautstärke macht es nicht aus! Wenn ihr feiert, ist auch die Anzahl der Menschen, die zu euch kommt nicht wichtig. Und bei den Lichtern, die ihr anzündet, zählt nicht die Menge der Lichter oder ihre Leuchtkraft. Es ist immer das, was ihr von euch selbst in ein Ritual hinein gebt, das Bewusstsein mit dem ihr etwas tut, was seine Kraft ausmacht. Wenn ihr zu sehr auf Äußerlichkeiten achtet, dann ist das kein Ritual mehr, sondern ein Spektakel!

Das wahre Ritual kommt aus dem Herzen, aus der Stille des Herzens. Das Herz liebt die leisen Töne, die aber durchaus auch mal lauter werden dürfen und können. Wenn ihr Gäste nur einladet, um zu zeigen, wie schön ihr es habt, was für tolle Möbel ihr euch leisten könnt, was für tolles und meist abenteuerliches Essen ihr anbietet, dann lasst es lieber – zumindest dann, wenn ihr dem ganzen einen feierlichen, rituellen Rahmen geben möchtet. Wenn ihr natürlich einfach nur Zerstreuung sucht, dann haut ruhig auf den Putz. Ich selbst schätze mehr die Veranstaltungen, deren Sinn ich auch verstehe, obwohl es durchaus sinnvoll sein kann, einfach mal nur Spaß zu haben.

Doch wenn ihr etwas wirklich feiern möchtet, zum Beispiel den Start in ein neues Lebensjahr oder den Start in ein neues Kalenderjahr oder irgendetwas anderes, dann müsst ihr euch schon ein wenig mehr Mühe geben, damit das zu etwas Besonderem wird. Wenn ich auf das jährliche Silvesterknallen schaue, dann kommt in mir wenig Freude auf. Das ist doch schon lange nichts Besonderes mehr. Das ist eigentlich nur noch laut. Wie bei so vielem, wäre hier Weniger mehr. Wisst ihr eigentlich noch, warum ihr das Silvesterfest so feiert, wie ihr es feiert? Kennt ihr den Hintergrund dessen, was ihr tut? Gewiss habt ihr eine Ahnung davon, aber ihr geht dem nicht weiter nach. Wie wäre es denn, wenn ihr darüber nachdenkt, was es bedeutet, wenn man etwas Altes verabschiedet und etwas Neues begrüßt? Dieses Ritual kommt doch in jedem Leben ständig vor: Das Verabschieden des Tages, das Begrüßen der Nacht. Das Verabschieden vom Urlaubsort, das Begrüßen der Heimat. Das Verabschieden der einen Jahreszeit, das Begrüßen einer neuen. Das Verabschieden eines geliebten Lebewesens, das Begrüßen eines neuen. Das Verabschieden einer Krankheit, das Begrüßen neuer Gesundheit. Ich könnte das Aufzählen der Beispiele noch ganz lange fortführen, nur um euch zu zeigen, dass dieses Ritual des Abschieds und der Begrüßung eigentlich täglich gelebt werden will. Doch ihr tut das nicht. Dafür müsst ihr dann an Silvester große Geschütze auffahren. Und das ist in diesem Fall sogar wörtlich zu nehmen.

Wir Katzen, und ich spreche hier auch für alle anderen Tiere, von denen die taub sind mal abgesehen, mögen eure Art Silvester zu feiern überhaupt nicht. Einige von

uns können allenfalls damit umgehen, begeistern jedoch tut es niemanden. Wir halten es in dieser Nacht mit dem Satz: „Ach wie schön ist es, wenn es vorüber ist ..." Die Stille danach, das ist für uns das wahre Silvester! Auch die Stille nach jedem anderen menschlichen Fest genießen wir! Sie ist für uns sogar körperlich spürbar. So wie für euch Schmerzlosigkeit spürbar ist, wenn ihr von schweren Schmerzen befreit seid.

Mein Vorschlag für jedes menschliche Fest und jedes menschliche Ritual wäre, dass ihr auch die Seele und das Herz mit einladet! Diese beiden vermögen in aller Stille zu feiern. Sie sind wie ein guter Regisseur im Hintergrund, der die Fäden in der Hand hat und in der Lage ist, die leisen, guten und wichtigen Szenen entstehen zu lassen. Vertraut auf die beiden! Und lernt wieder in kleinen Schritten zu gehen. Lernt wieder, die leisen Töne zu vernehmen. Lernt wieder wahrzunehmen, was wirklich wichtig ist. So gesehen kann jedes Ritual nur Freude bringen, egal ob den Menschen oder den Tieren.

Wohl wahr, was Feli da sagt. Ich selbst fühle mich an Silvester auch immer ein wenig merkwürdig. Für den stillen Moment ist meist kein Raum, dafür aber umso mehr für laute (Un)Geselligkeit. Es wird viel geredet und wenig gesagt. Es wird laut gelacht, doch oft ohne echte Heiterkeit. Bitte nicht falsch verstehen, ich feiere sehr gerne und liebe es zu tanzen, doch dies nicht allein um des Feierns willen. Gerade auf großen Feiern ist man häufig allein unter vielen Menschen.

Vor vielen Jahren habe ich mit meinem Mann folgendes praktiziert, während wir uns auf einer öffentlichen Silvesterparty befanden: Wir haben uns ca. 10 Minuten vor Mitternacht in eine stille Ecke verzogen und jeder hat im Stillen für sich darüber nachgedacht, was er sich vom neuen Jahr zum einen für sich selbst, für den anderen und für beide gemeinsam wünscht.

Dann, um Mitternacht, haben wir diese Wünsche, zusammen mit den leuchtenden Raketen und Knallern, in den Himmel geschickt und freudig und positiv auf das neue Jahr geschaut. **Das könnte** eigentlich ein schönes und neues Ritual werden, wenn ein jeder an Silvester 10 Minuten vor Mitternacht in Stille und Dankbarkeit daran denkt, was ihm das alte Jahr geschenkt hat und sich dann darauf konzentriert, was man sich für das neue Jahr erhofft. Beenden kann man dieses Ritual mit einem Segenswunsch für Menschen und Tiere, die Hilfe benötigen und natürlich für die ganze Welt. Genauso fühlen sich der Abschluss eines alten und der Beginn eines neuen Jahres gut und richtig an. Und ich denke, dass ich dafür auch Felis Zustimmung habe.

Tipp:

Versuchen Sie ein wenig mehr rituellen Charakter in Ihren Alltag und den gemeinsamen Alltag mit ihrem Tier zu bringen. Ein guter Einstieg könnte sein, vor jeder Mahlzeit kurz innezuhalten, Dank auszusprechen für das Essen, das Sie, Ihre Familie und Ihre Tiere genießen dürfen und das Essen mit guten Wünschen zu segnen. Auch den neuen Tag und alle Wesen, die Ihnen begegnen mit Bewusstheit zu begrüßen, kann zu einem respektvolleren Miteinander verhelfen.
Mein Morgenritual sieht so aus, dass ich erst meditiere und die Meditation dann mit den Worten beende: „Gott, ich danke dir für diesen neuen Tag und bitte um deinen Segen. Göttlicher Segen umhülle und schütze mich und meine Lieben auf allen unseren Wegen."
So behütet kann ich voller Freude in den neuen Tag starten.

Katzen und Menschen

Wie empfinden Katzen den Urlaub ihrer Menschen?

Bei mir ist es jedes Jahr das gleiche. Ich fahre nur eine Woche pro Jahr gemeinsam mit meinem Mann in Urlaub und dennoch plagen mich vor dem Urlaub die Gewissensbisse, als hätte ich geplant meine Katzen in der Wildnis auszusetzen. Es wird zwar von Jahr zu Jahr ein wenig besser, aber die Zeit vor dem Urlaub gestaltet sich immer noch alles andere als entspannt. Seit ich rechtzeitig damit beginne, die Katzen in die Urlaubsvorbereitung mit einzubeziehen, komme ich langsam aber sicher an den Punkt, an dem ich erkenne, dass ich Vertrauen in sie haben kann und dass sie es durchaus zu schätzen wissen, wenn sie das Haus einmal im Jahr für sich alleine haben.

Durch die Vorbereitung auf unseren Urlaub wissen sie, was auf sie zukommt und können sich darauf einstellen. Ich habe gelernt, dass es nicht unbedingt vorteilhaft ist, wenn ich durch meine persönlichen Ängste – was kann nicht alles passieren und ich bin nicht da, um schützend einzugreifen ... – die Katzen überhaupt erst in einen Zustand von Nervosität und Aufgeregtheit bringen kann. Ich bin der Meinung, dass Reisevorbereitungen entspannt ablaufen sollten, denn es nützt niemandem etwas, wenn man sich dabei aufreibt und so intensive Vorbereitungen trifft, dass man schließlich ganz erschöpft ist, fährt man dann endlich los. Ich weiß von einer lieben Freundin, dass diese oft bis tief in die Nacht letzte Vorbereitungen trifft – sie hat noch ein paar Tiere mehr als wir – und sie sich dann, meist nach nur zwei bis drei Stunden Schlaf, auf die Reise begibt. Ich bin sicher, das geht auch anders und besser. So hoffe ich, dass Feli ein paar gute Tipps für mich und alle anderen Interessierten parat hat.

FELI:

Das ist ein sehr wichtiges Thema, nicht nur für die Katzen, die zurückbleiben wenn ihre Menschen in Urlaub fahren, sondern in viel größerem Maß ist die Beantwortung die-

ser Frage wichtig für den Menschen. Die Menschen schaf-
fen und schaffen, das ganze Jahr über, haben aber oft
Probleme damit, abzuschalten. Die Zeit des Urlaubs, ob-
wohl sie doch der Entspannung dienen sollte, kann zu
einer hektischen und mit Aktivitäten vollgestopften An-
gelegenheit werden, wenn der Mensch in dieser Zeit alles
nachholen will, was er das ganze Jahr über versäumt hat.
Da ist zwar sehr viel Freude, dies vor allem schon lange
bevor der eigentliche Urlaub beginnt, ist er dann jedoch
endlich da, scheint er zu verfliegen, ohne dass er oft wirk-
lich genossen werden kann. Ohne dass wir Katzen je
einen Urlaub gebucht haben, wissen wir doch sehr viel
besser als die Menschen, wie wir unsere Zeit verbringen
sollten, so dass es uns gut tut.
Außerhalb der Urlaubszeit – im Arbeitsalltag – fühlt ihr
euch gefangen wie in einem Kreislauf aus Pflichten, aus
dem ihr glaubt, nicht aussteigen zu können. Doch ihr
selbst seid es, die die Spielregeln festlegen, die euch ge-
fangen halten. Ihr selbst gestaltet euer Leben, niemand
sonst. Wenn ihr euch über etwas oder jemanden ärgert,
so ist das euer Ärger und nicht der Ärger desjenigen, um
den es geht. Ändert doch einfach das, was in eurem Kopf
vorgeht. Und sagt jetzt bitte nicht, dass das nicht geht.
Ich bin ganz sicher, dass es geht. Denn ihr seid dazu in
der Lage zu denken, dass es nicht geht, also seid ihr auch
in der Lage zu denken, dass es geht.

Wenn ihr mit den kostbaren freien Momenten eures Le-
bens genauso umgeht wie mit eurem Leben selbst, dann
wird es schwer, diese Zeit zu etwas Besonderem zu ma-
chen, zumal diese Zeit vielleicht gar nicht besonders,
sondern einfach nur schön sein will. Lasst doch das Ein-
fache das Besondere sein! Geht nicht mit dem Anspruch
in euren Urlaub, all das erleben zu wollen, was sonst
nicht möglich ist. Lasst den Urlaub „einfach sein" und
seid selbst auch „einfach", dann wird das schon. Viel-
leicht müsst ihr dann auch nicht mehr verreisen oder

zumindest nicht mehr so weit weg reisen. Das scheint mir auch so ein Irrglaube zu sein, irgendwohin reisen zu müssen, wo es anders ist als zuhause. Wo es vermeintlich schöner, besser und was auch immer ist. Schöner als zuhause sollte es nirgends sein. Das wäre doch fatal. Wenn ihr es zuhause nicht schön habt, dann verreist nicht und sucht die Schönheit nicht woanders, sondern sorgt dafür, dass es bei euch zuhause so schön ist, dass ihr gerne dort seid und vor allem sehr gerne dorthin zurückkehrt, solltet ihr doch mal verreisen.

Meine Menschen verreisen sehr gerne. Genauso gerne kommen sie aber wieder nachhause zurück zu uns. Manchmal tun sie sich schwer, überhaupt erst loszufahren, weil sie uns nicht zurücklassen möchten, besonders mein Frauchen. Und so bin ich froh, ihr an dieser Stelle die Ängste ein wenig nehmen zu können.

Zuallererst möchte ich sagen, dass ich es wirklich toll und natürlich sehr sinnvoll finde, wenn die Tiere in die Urlaubsplanung und -vorbereitung der Menschen mit einbezogen werden. Ganz wichtig ist, dass ihr eurem Tier nichts vormacht und es nicht anlügt. Lasst es euch gesagt sein: Wir bekommen alles mit. Ob ausgesprochen oder nicht, alles was ihr fühlt, alles was ihr denkt, all das kommt bei uns an. Wir merken, wenn ihr traurig seid, auch wenn ihr uns dabei ins Gesicht lacht. Wir spüren das Weinen hinter dem Lachen. Nehmt uns bitte genauso ernst, wie ihr selbst ernst genommen werden wollt. Wollt ihr nicht angelogen werden, so lügt auch uns nicht an. Ihr könnt uns alles sagen. Ihr dürft uns eure echten Gefühle zeigen. Ihr dürft uns zeigen, wenn ihr traurig seid. Ihr zeigt uns ja schließlich auch, wenn ihr euch freut. Beides sind wichtige Gefühle, an denen wir teilhaben wollen. So bitte ich euch, geht behutsam um mit allen Seelen, die um euch herum sind und die mit euch leben, egal wie groß oder wie klein sie sind, egal ob sie zwei, vier oder wie viele

Beine auch immer haben, egal wie alt sie sind, egal ob sie wach sind oder schlafen!

Seid ihr so behutsam, wie jeder es verdient, wird auch die Urlaubsvorbereitung einfacher werden. Sagt euren Tieren, dass ihr verreist, wohin ihr verreist, was ihr dort tun wollt und wann ihr wieder kommt. Wir verstehen alles! Und wir können euch auch ziehen lassen, denn für uns ist doch gesorgt. In meinem Fall und dem meiner Mitkatzen ist es eine Freundin von Frauchen, die zweimal täglich ins Haus kommt, uns füttert, mit uns spricht, mit uns spielt, mit uns schmust und auch sonst alles erledigt, was für liebe Katzen eben zu erledigen ist. Da Frauchen auch im Urlaub viel an uns denkt, ist sie sehr oft bei uns, auch wenn sie nicht da ist. Darum ist es ebenfalls sehr wichtig, dass sie voller Freude und Liebe an uns denkt und nicht voller Sorge und Angst! Frauchen verabredet sich jeden Tag mit uns. Sie „trifft" sich morgens und abends mit uns, lässt uns teilhaben an ihren Urlaubserlebnissen und spürt dabei, wie es uns geht.

Während der Urlaubszeit unserer Menschen gibt es bei uns eine etwas andere Ordnung als üblicherweise. Doch diese neue Ordnung kommt der alten Ordnung sehr nahe und kann von uns gut angenommen werden. Zumal wir auf das, was uns während des Urlaubs erwartet, gut vorbereitet werden. Erklärt ihr uns, was ihr mit uns vorhabt, dann mag das den Trennungsschmerz nicht unbedingt zum Verschwinden bringen oder lindern, aber wir erkennen daran, dass ihr uns wichtig nehmt und uns respektiert. Und darauf kommt es an, im Alltag wie im Urlaub!

Gut zu hören, dass Feli das so sieht. Ich denke, dass wir uns vermutlich viel zu viele Gedanken machen und dass erst dadurch überhaupt unangenehme Gefühle bei den Katzen/Tieren ausgelöst werden. Als ich im letzten Jahr zum ersten Mal unsere Katzen rechtzeitig auf den Urlaub vorbereitet habe, indem ich ihnen mitteilte, dass und wann wir verreisen und ihnen gleichzeitig zeigte, wer für sie sorgen wird, kam von allen das gleiche Feedback. Nämlich, dass es ihnen nichts ausmacht wenn wir fahren und dass sie sich gut versorgt wissen. Dadurch, dass ich wusste, wie unsere Katzen empfinden, konnte ich viel entspannter als sonst mit meinem Mann nach Rom fliegen und die Tage dort aus ganzem Herzen genießen. Auch jetzt, während ich diese Zeilen tippe, ist es nicht mehr lang hin, bis zu unserem diesjährigen Urlaub. Und ich habe bereits damit begonnen, unsere Katzen in die Urlaubsplanung einzubeziehen.

Tipp:

Planen Sie regelmäßige Abweichungen vom Alltag für sich selbst und für ihre Katze(n). Füttern Sie die Katze zum Beispiel zu einer anderen Zeit. Einfach nur, damit Sie und Ihre Katze immer wieder mal einen neuen Rhythmus im gewohnten Alltag erleben können. Sagen Sie Ihrer Katze rechtzeitig, dass heute/ morgen oder übermorgen das Futter zu einer anderen Zeit serviert wird. Planen Sie Unternehmungen, die abweichen von dem, was sie üblicherweise tun. Das lockert den Alltag auf und gibt Ihnen die Gelegenheit zu spüren, wie es sich anfühlt, wenn der Tagesablauf anders gestaltet ist als sonst. Vielleicht können Sie fühlen, dass Sie sich darauf freuen, wieder zur „alten" Ordnung zurückzukehren. Oder vielleicht entdecken Sie gar, dass es Ihnen Freude bereitet, Neues auszuprobieren. Entdecken Sie wie interessant und spannend es sein kann, sich auf neue Tagesabläufe einzulassen. Verinnerlichen Sie sich, dass auch Ihre Katze, die kleine Abenteuerin, es liebt, Neues zu erleben,

wenn es sich im Rahmen hält! Und sollte Ihre Katze ein ängstlicher Typ sein, dann starten Sie mit mikroskopisch kleinen Änderungen, indem Sie zum Beispiel das Futter an einem anderen Platz servieren oder was auch immer Ihnen einfallen mag, um dem Tag und seiner „Alltagsenergie" neuen Schwung zu verpassen.

Eventuell passiert es Ihnen auf diesem Weg, dass Sie und Ihre Katze ganz neue Vorlieben entdecken. Nur zu! Und vergessen Sie nicht, sich auch im Alltag kleine „Urlaubsoasen" einzubauen!

Katzen und Menschen

Der Umgang der Menschen mit Tieren

Als Mensch, der eine große Liebe zu allem was lebt empfindet, schaue ich oft voller Unbehagen auf Menschen, die (ihre) Tiere respektlos und lieblos behandeln. Dies geschieht den Haustieren, aber in viel größerem Umfang geschieht dies den sogenannten Nutztieren oder den Tieren in den Versuchslaboren. Das, was ich über den Umgang mit diesen Tieren über die Medien erfahre, ist für mich oft kaum auszuhalten. Solche Nachrichten können mich sowohl tief deprimieren als auch sehr wütend machen. Ich überlege dann, wie ich sinnvoll damit umgehen soll.

Es interessiert mich, was ich tun kann, damit es nicht nur mir selbst, sondern auch den geschundenen Tieren besser gehen kann. Wie kommt es überhaupt, dass der Mensch seine nicht menschlichen Mitlebewesen so wenig achtet? Ich wünsche mir sehr, dass Feli nicht nur eine gute Erklärung für uns parat hat, sondern ich hoffe sogar darauf, dass ihre Antwort Trost zu spenden vermag. Ich bin mir darüber im Klaren, dass das ganz schön egoistisch ist. Aber hier und jetzt will ich einfach mal egoistisch sein.

FELI:

Schaue ich auf den Umgang, der mir und meinen Mitkatzen widerfährt, so kann ich recht zufrieden sein, obwohl es auch bei uns das eine oder andere zu bemängeln gibt. So sind unsere Menschen sehr abhängig und beeinflussbar von Stimmungen. Diese können unsere Menschen sehr zu ihrem Nachteil verändern und sie innerlich unausgeglichen und unfroh werden lassen. Es tut uns weh, das sehen zu müssen. Gleichzeitig erkennen wir dann unsere Aufgaben am deutlichsten, die darin bestehen, unseren Menschen klar zu zeigen, was mit ihnen geschieht, indem wir ihre Stimmungen widerspiegeln.
Wenn einer unserer Menschen wütend ist und wir ihm diese Wut vor Augen halten, zum Beispiel indem wir uns

prügeln, dann bekommt er dadurch die Möglichkeit, das zu erkennen. Manchmal gelingt es, manchmal wird die Wut dadurch noch größer. Es ist auf jeden Fall immer eine angespannte Situation, die noch sehr viel Lernpotenzial beinhaltet. Menschen können sehr schnell ungerecht werden und glauben, dass wir Katzen – oder andere Tiere – für das ihnen Widerfahrene verantwortlich sind. Ich sage es jetzt und gerne immer und immer wieder: Das, was ihr seht, das, was euch geschieht, ist das, was ihr sehen sollt, um zu lernen. Und es geschieht euch, weil ihr etwas dafür getan habt.

Ihr denkt häufig nur in großen Zusammenhängen und vergesst die kleinen Impulse, die ebenso eine – mitunter große – Wirkung hervorrufen. Alleine eure Gedanken können für viel Unbehagen auf dieser Welt sorgen. Tatsächlich kann das „sich sorgen" noch mehr Unbehagen bringen. Sich sorgen, bringt Sorgen! Es gibt wirklich kaum etwas, was unangenehmere Folgen hat, als sich zu sorgen. Tut es möglichst selten. Noch besser tut ihr es nie! Der Mensch denkt und vergisst viel zu oft das Fühlen. Und jetzt kommen wir Tiere ins Spiel und euer Umgang mit uns. Jeder einzelne Mensch sollte sein Handeln im Umgang mit seinem Tier überdenken. Selbstverständlich solltet ihr auch den Umgang mit anderen Lebewesen überdenken. Mit euresgleichen, mit allen Wesen der Natur, egal ob sichtbar oder unsichtbar! Natürlich vermag ich eure Lernaufgabe hinter den Handlungen zu sehen. Doch nicht immer vermag ich sie zu verstehen. Oder noch anders ausgedrückt: Es schmerzt mich sehr zu sehen, wie ihr in die Irre lauft, obwohl der gerade Weg gut sichtbar vor euch erscheint. Ihr denkt, dass ihr den Weg verbessern müsst, obwohl dieser bereits ein guter Weg ist. Ihr seid manchmal schon sehr weit vom Weg abgekommen und merkt es kaum noch. Wir Tiere merken es. Und, was noch schlimmer ist, wir bekommen es zu spüren. Indem ihr euch so weit von euren (Lebens)Auf-

gaben entfernt, entfernt ihr euch auch von einem liebevollen und respektvollen Umgang mit uns, den tierischen Seelen an eurer Seite. Wir kamen und kommen, euch zu zeigen, was wichtig ist gesehen zu werden. Doch nützt dies nur, wenn auch hingeschaut wird! Der Mensch, der ein Tier ungerecht behandelt, behandelt eigentlich sich selbst ungerecht. Tiere sind die Schwestern und Brüder des Menschen. So, wie der Mensch mit den Tieren umgeht, so geht er auch mit seinen Mitmenschen um. Letztendlich geht er so mit sich selbst um.

Kein menschliches Leben kann je wirklich Freude bereiten, wenn es aus der Saat der Ungerechtigkeit, der Respektlosigkeit und der Lieblosigkeit hervorgeht. Alle Tiere, die da sind, um Ungerechtigkeiten und Schieflagen aufzuzeigen, sind Freunde des Menschen. Sie lieben wahrhaftig! Sie rufen auf zur Umkehr! Zum Umdenken! Wenn ihr alle immer mehr erkennt, dass der Umgang des Menschen mit den Tieren, nicht mehr (r)echt ist, dann ändert es, indem ihr euch selbst ändert. Schaut nicht so sehr auf andere, beginnt damit, auf euch selbst zu schauen. Wenn ihr darauf wartet, den zu ändern, der vermeintlich falsch handelt, dann seid ihr auf einem weiteren Irrweg. Der andere wird sich erst ändern, wenn er verstanden hat. Doch er versteht nicht, wenn ihr ihn dazu drängt. Verstehen kommt, wie so vieles, aus dem Inneren. Wenn ihr wollt, dass in eurem Garten Sonnenblumen wachsen, dann dürft ihr nicht auf die Tulpen schauen und hoffen, dass sie sich in Sonnenblumen verwandeln, indem ihr sie dazu auffordert. Ihr müsst Sonnenblumen säen!!

Wenn ihr, wie wir, erkannt habt, dass Tiere und Menschen eines sind, dann beginnt endlich damit, diese Erkenntnis in eurem Leben umzusetzen. Schaut bitte auf uns, wie auf jemanden, den ihr über alles liebt. Schaut ihr mit dem Blick der Liebe auf uns und nicht mit dem Blick der Sorge oder des Besserwissens, dann wird uns kein Unrecht und kein Unheil mehr geschehen! Diesen Blick müsst ihr jedoch zu allererst einmal auf euch selbst

richten. Denn nur wenn ihr voller Liebe auf euch selbst schaut, werdet ihr in die Lage kommen, voller Liebe auf alles andere zu schauen. Wenn ihr voller Liebe auf alles schaut, wird es keine Ungerechtigkeiten mehr geben, denn dem, den man wahrhaftig liebt, tut man nicht weh. Erkennt bitte in uns diejenigen, die euch lieben und teilt uns nicht ein und bewertet uns nicht. Es gibt nicht schöne und hässliche Tiere. Es gibt nicht solche oder solche Tiere. Wir sind alle Lebewesen, Seelen, die einen Tierkörper bewohnen. Egal ob dies der Körper einer Katze oder der Körper eines Schweins ist. Wir alle sind fühlende Wesen. Wir alle sind Gottesgeschöpfe. Genau wie ihr. Wir lieben euch so sehr, dass wir viel auf uns nehmen, euch dies zu zeigen. Wir sind wahrlich groß und sehnen uns danach, dass ihr dies endlich sehen könnt. So lange der Blick jedoch getrübt ist durch die Gier, durch euer immer mehr wollen, immer größer und besser werden, durch Größe, die keine Größe ist, werdet ihr immer nur eine Karikatur von euch selbst wahrnehmen können.

Ändert das!
Ändert es bald!
Ihr tut es für euch!
Und indem ihr es für euch tut, tut ihr es für uns alle!

Welch große Worte von einer „kleinen" Katze. Es zeigt nämlich mal wieder, dass Größe nichts mit körperlicher Größe zu tun hat. Ich muss gestehen, dass Felis Antwort mich etwas überrascht hat. Eigentlich hatte ich erwartet, dass Feli intensiv und eindringlich auf die vielen, vielen Verfehlungen der Menschen im Zusammenleben mit Tieren eingehen würde. Ich habe tatsächlich geglaubt, dass Feli mit erhobenem Zeigefinder auf all die „bösen" Menschen hinweisen würde, die Tiere auf unterschiedlichsten Wegen Unrecht tun. Doch Unrecht wird nicht besser verständlich, wenn man es mit Anklage im Blick betrachtet. Unrecht kann auf unterschiedlichen Wegen geschehen. Es hilft denjenigen, denen Unrecht geschieht sehr viel mehr, wenn auf die hinter dem Unrecht stehende Ursache geschaut wird und der Blick nicht voller Abscheu nur auf dem Unrecht hängen bleibt.

Jeder trägt seinen Teil der Verantwortung für das, was er tut und auch für das, was er nicht tut. Natürlich hatte ich sehr viel mehr eine Anklage von Feli – in Vertretung für alle geschundenen Tiere – erwartet, als eine Erklärung, warum der Mensch so mit den Tieren umgeht, wie er mit ihnen umgeht. Und natürlich habe ich nicht erwartet, dass ich auch in dieser Erklärung vorkomme. Na ja, so sehen Sie, dass es auch bei mir nicht perfekt zugeht. Auch ich komme in Situationen, wo ich meine Katzen nicht so behandele, wie ich es tun sollte und wie sie es verdienen. Wenn ich dann aber lese, dass dieses „Fehlverhalten" meinerseits gleichzeitig (m)eine Lektion ist, die mich weiterbringen kann, dann kann ich das alles sehr viel besser annehmen.

Tipp:

Überprüfen Sie, wo in Ihrem Alltag noch mehr Respekt und Achtung gegenüber der Tierwelt gelebt werden kann. Schauen Sie ob das, was Sie kaufen an Produkten tierischen Ursprungs, seinen Preis wert ist oder ob es einfach nur billig ist. Billige Produkte können nur durch Leid möglich werden. Ist ein Produkt seinen Preis wert, kann das bedeuten, dass ihm Wertschätzung entgegengebracht wurde. Es kann sehr viel Freude bringen, sich bei jeder alltäglichen Handlung oder bei jedem Kauf den man tätigt, zu fragen, ob das irgendjemandem schadet oder allen daran Beteiligten Freude bringt. Durch unser tägliches Handeln sollten wir nicht nur uns selbst Freude be-

reiten, sondern immer auch versuchen, andere an unserer Freude teilhaben zu lassen! Die Welt und das Leben sind nun mal kein Selbstbedienungsladen. Hinter jedem Produkt, hinter jeder Ware, steht eine Geschichte. Versuchen Sie, diese zu entdecken und zu ehren! Ausgleichende Gerechtigkeit entsteht nicht dadurch, dass wir etwas mit Geld bezahlen, sondern vielmehr dadurch, dass wir wertschätzen und niemanden übervorteilen!

Katzen und Menschen

Wie nehmen Katzen die Energie der Menschen wahr?

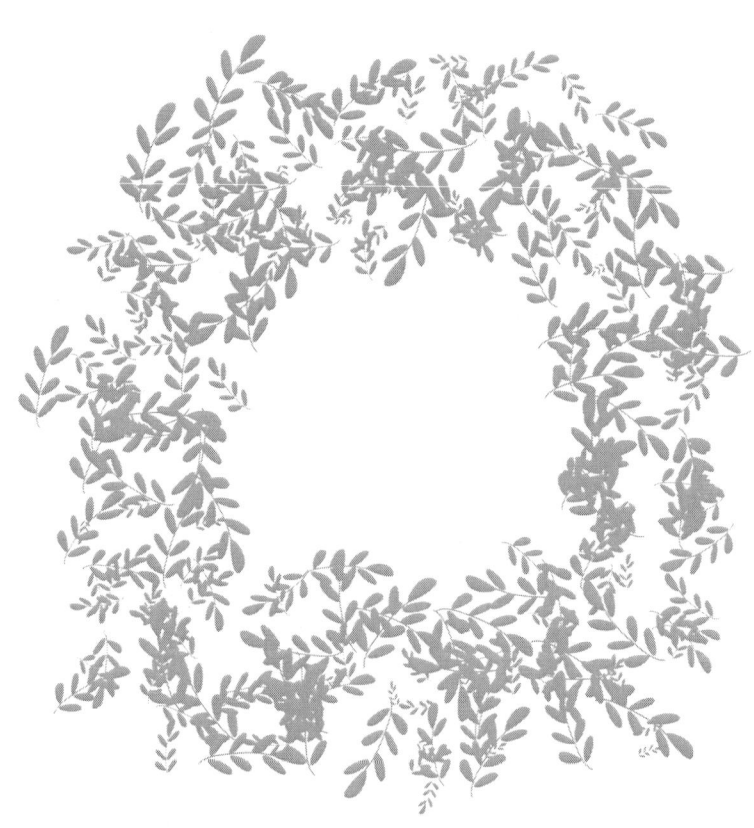

Anders als dies die meisten Menschen tun, spüren Tiere immer sehr intensiv die Energien, die sie umgeben. Ich will diese Fähigkeit den Menschen aber nicht absprechen, denn natürlich nehmen auch Menschen Energien wahr, die um sie herum sind – einige mehr, andere weniger. Es kommt immer darauf an, wie bewusst oder unbewusst jemand lebt bzw. wie bereit jemand ist, sich auf das einzulassen was man „nur" spüren, nicht aber mit den äußeren Augen sehen kann.

Was mich an dieser Frage interessiert ist, wie Katzen die Energien ihrer Menschen wahrnehmen und auch, wie sie damit umgehen – ob sie sich an diesen orientieren oder ob sie davon unbeeinflusst reagieren. Ich kenne es von mir, dass ich diesbezüglich sehr beeinflussbar bin. Wenn ich mich unter Menschen aufhalte, die sich streiten und durch ihren Streit die Energie unschön aufladen, fühle ich mich sehr unwohl und versuche entweder zu schlichten oder ich weiche der Situation aus, indem ich mich zurückziehe. Viele Katzen haben aber nicht die Möglichkeit, sich aus dem Leben ihrer Menschen einfach zurückzuziehen. Wie geht es ihnen also, wenn sie unangenehmen Situationen ausgesetzt sind? Haben sie vielleicht gar die Fähigkeit, das auszublenden? Was genau hören, sehen, fühlen sie?

FELI:

Katzen sehen oder spüren mehr, als ihr euch vorstellen könnt. Wir sehen oder spüren eure Energien in Farben. Alles in dieser Welt ist farbig. Auch das Schwarze oder das Weiße. Alles eben. Es gibt aber nicht nur äußere Farben, die ein bestimmter Gegenstand hat, sondern es gibt auch innere Farben, die der Gegenstand ausstrahlt. So könnt ihr beispielsweise in eine blaue Hose und ein rotes Hemd gekleidet sein, das sind die äußeren Farben. Die Farben, die der Träger der blauen Hose und des roten Hemdes,

jedoch um sich herum aufzeigt, können von denen seiner Kleidung erheblich abweichen. Das sind auf jeden Fall die inneren Farben. Vielleicht versteht ihr es besser, wenn ich sage, dass sich Energie auf unterschiedliche Weise ausdrücken und zeigen kann. Farben sind ein Ausdruck von Energie. Also kann jemand, der sich darauf einlässt, die Energie eines anderen anhand der Farben, die ihn umgeben, erkennen. Das ist eine Form des Erkennens, die uns Katzen eigen ist. Wir schauen ein anderes Wesen oder einen Gegenstand an und sehen oder spüren wie er aussieht und was er ausstrahlt. Die mit den äußeren Augen sichtbare Form ist das Aussehen. Das was er ausstrahlt ist die für viele unsichtbare Energie. Sie ist aber nicht wirklich unsichtbar, sondern kann von vielen einfach nur nicht gesehen oder auf anderem Weg wahrgenommen werden.

Es gibt aber noch andere Möglichkeiten, wie wir Katzen eure Energien wahrnehmen können. Und zwar ist das die Schwingung, die euch umgibt. Diese ist jedoch viel schwieriger zu erklären, als das mit den Farben. Farben kennt jeder Mensch, wenn auch nicht jeder Mensch die inneren Farben sehen kann.

Doch wie erkläre ich euch, was ich unter Schwingung verstehe und wie ich sie erfahre? Ich habe eine Idee, wie es vielleicht gelingt, euch das nahe zu bringen: Wenn ihr etwas anfasst, bekommt ihr ein Gefühl für den Gegenstand, den ihr berührt habt. Manchmal fühlt er sich unangenehm an, zum Beispiel wenn ihr etwas anfasst, was eine sehr niedrige oder sehr hohe Temperatur hat. Das tut dann weh und ist eine krasse Form von Schwingung. Ein anderes Beispiel ist der Elektrozaun, der euren Händen signalisiert, dass ihr ihn besser nicht berührt hättet. Nicht alle Schwingungen sind so deutlich wahrzunehmen. Manche sind gar nicht zu erklären, aber doch zu spüren. Ihr mögt in einem solchen Fall vielleicht ein Bitzeln spü-

ren oder eure Haut juckt. Vielleicht bekommt ihr auch einen komischen Geschmack im Mund oder ihr spürt ein Ziehen im Körper oder eine Form von Taubheit. Das sind alles Wahrnehmungen von Schwingungen. Schwingungen sind wie kleine Turbulenzen von Luft, unsichtbar für die meisten Augen, so wie der Wind, aber nicht immer so deutlich spürbar wie der Wind. Manchmal ist nicht der leiseste Hauch zu spüren und doch schwingt es.

Beides, Farben und Schwingung, kann ich wahrnehmen, wie meine Katzenschwestern und -brüder auch. Ich nehme also die Energie meiner Menschen, meiner Mitkatzen, der Lebewesen, denen ich begegne und der Gegenstände, die um mich herum sind, wahr durch deren Farben und deren Schwingung. In mir formt sich eine Art Bild, das mich erfreuen kann. Es kann mich aber auch ängstigen (was eher selten ist) oder ärgern (das kommt schon öfter mal vor) oder auch traurig machen.

Die Schwingung, die von den Menschen zu mir kommt, ist an manchen Tagen durchaus in der Lage, meine eigene Schwingung zu verändern. Was eben noch hellblau und rosarot geleuchtet hat, kann z. B. zu einem kräftigen, aggressiven Rot werden. Das geschieht bei mir aber nicht oft, denn sobald ich spüre, dass „bad vibrations" von ihnen zu mir unterwegs sind – und das geht blitzschnell! – entziehe ich mich diesem Vorgang. Meistens verlasse ich den Raum umgehend. Oder ich entferne mich zumindest ein ganzes Stück von der mir unangenehmen Energie. Dort warte ich dann ab, bis – sinnbildlich gesprochen, aber durchaus auch sehr reell – die Luft wieder rein ist.

Das ist meine Form, fit zu bleiben. Würde ich das nicht tun, könnte das mit der Zeit meine eigenen Energien sehr schwächen. Das will ich nicht und meine Menschen wollen das auch nicht. Ich weiß von einigen Katzen – und die sind gar nicht so selten – dass sie entweder nicht in der Lage dazu sind, sich in solchen Fällen aus dem Staub zu machen oder sie wollen es auch nicht. Letzteres würdet

ihr vielleicht als dumm bezeichnen. Für die Katzen, die das tun, ist es jedoch nicht nur der Versuch zu helfen, indem sie ihre eigene (Lebens)Energie einsetzen, sondern auch der Ausdruck von Liebe. Sehr oft ist es auch ein Ausdruck von Unsicherheit. Viele Faktoren spielen da eine Rolle, nicht jeder Fall ist gleich zu beurteilen.

Was zeigt euch das nun? Zum einen zeigt es euch, dass wir euch ganz anders „sehen", als ihr uns. Das, was ihr im Außen zeigt, vermischt sich mit dem, was ihr innerlich ausstrahlt. Wir können gleichzeitig sowohl das Innen als auch das Außen sehen. Wobei unsere Prioritäten immer auf das Innen konzentriert sind, denn das Innen vermag sich nicht zu verstellen. Im Außen findet schon mal der eine oder andere Manipulationsversuch statt. Der funktioniert jedoch nur bei Menschen, die sehr auf das Außen fixiert sind. Bei uns Katzen und bei allen anderen Tieren ebenso, habt ihr damit keinen Erfolg. Sorry, dass ich euch diese Illusion rauben muss. Aber ihr habt doch nicht wirklich geglaubt, dass wir euch eure „Maskeraden" abnehmen?

Zum anderen zeigt euch unsere ganz eigene Sichtweise bzw. Wahrnehmung von Energien, dass wir diesen ungeschützt ausgesetzt sein können oder auch ausgesetzt sein wollen. Wichtig ist immer, dass ihr uns dabei helft, unsere eigenen Energien auf einem hohen Level zu halten. Ich würde das als einen inneren Energetisierungs- bzw. Reinigungsprozess bezeichnen. Ob eure Katze diesen nötig hat, oder nicht, könnt ihr ja leider nicht „sehen", zumindest viele von euch nicht.
Achtet also darauf, ob eure Katze einen ausgeglichenen und frohen Eindruck auf euch macht. Ist sie oft traurig oder gar biestig, dann braucht sie Hilfe. Manchmal braucht die Katze in einer solchen Situation Hilfe für den Körper, meistens oder fast immer aber braucht sie Hilfe für die Seele bzw. für ihren Energiehaushalt. Die Ener-

gie, die schwach ist, kann am besten durch Energie, die hoch schwingt, erhöht werden. Andere Katzen können dabei sehr hilfreich sein, indem sie die energetisch geschwächte Katze „aufbauen". Meistens braucht es aber noch einen zusätzlichen Impuls von außen. Ich bin sicher, ihr werdet schon das Rechte finden.

Ich kann mir, dank Felis schöner Erklärung, jetzt richtig gut vorstellen, wie wir Menschen von unseren Katzen, Hunden, Pferden, etc. quasi „enttarnt" werden. Wenn ich mir vorstelle, dass ein jeder genau sehen könnte, wie sein Gegenüber „gestrickt" ist, ob er lügt oder die Wahrheit sagt – das kann schon ein wenig ängstigen. Andererseits hilft es aber auch dabei, wahrhaftiger zu werden und dem anderen nichts Böses zu wollen. Wenn wir außen optisch so wären wie wir innen denken und fühlen, könnte alles viel einfacher sein, oder? Wenn jeder wüsste, dass ein anderer das in ihm erkennen kann, was er von ihm denkt – das könnte vielleicht dazu führen, dass wir uns sehr viel mehr darum bemühen würden, nur noch das Beste in einem anderen zu sehen. In meinen Augen macht das alle Haustiere zu wahren Heiligen, denn die Tiere lieben ihre Menschen, obwohl sie wissen, wie diese ticken.

Nun ist es an uns, dass wir uns darum bemühen, schöner, heller, klarer zu ticken als bisher. Ist es nicht ein schöner Gedanke, dass gute Gedanken uns dazu verhelfen können, in strahlenden Farben zu leuchten? Es macht mich stolz, dass Feli mich mit ihren Worten an eine einfache Lebensregel erinnert hat: „Du bist, was du denkst."

91

Tipp:

Ein Tag in der Woche könnte ein Tag positiver Gedanken sein! Beginnen Sie damit schon beim Aufwachen/Aufstehen, indem Sie den neuen Tag mit positiven Worten begrüßen. Sagen Sie Ihrer Katze, Ihrem Hund, Ihrem Kind, Ihrem Mann (man beachte die Reihenfolge!) mindestens einmal am Tag, wenn es machbar ist besser einmal pro Stunde, wie besonders sie/er/es ist. Werfen Sie mit ehrlich gemeinten Komplimenten um sich! Vergessen Sie auch nicht, sich selbst zu bedenken. Und überlegen Sie sich, was Ihre Katze Ihnen auf Ihre wunderschönen Worte antworten könnte/wird. Schreiben Sie auf kleine Kärtchen, was von Ihrer Katze zu Ihnen kommt. Und wenn mal wieder ein rabenschwarzer Tag ist, dann nehmen Sie die Kärtchen in die Hand und erfreuen sich daran.

Mein heutiges Kompliment an Feli lautet:
„Immer wenn ich dich anschaue, erfüllt das mein Herz mit Freude. Du bist eine der größten Freuden in meinem Leben und ich bin voller Dankbarkeit, dass es dich gibt!"

Felis Antwort an mich lautet:
„Für einen Menschen bist du super!"

Katzen und Menschen

Die Aufgaben von Katzen an der Seite der Menschen

Katzen sind nicht bei uns, den Menschen, um uns die Zeit zu vertreiben. Sie sind auch nicht bei uns, um sich von uns verwöhnen zu lassen, zumindest nicht nur. Ihr Dasein an der Seite des Menschen hat eine viel tiefere Bedeutung. Feli hat schon einiges dazu gesagt, als sie die Frage, warum Katzen bei den Menschen sind, beantwortete. Es sind ganz individuelle Motive, die eine Katze zu einem bestimmten Menschen führen. In Unkenntnis der Zusammenhänge wird oft der Begriff „Zufall" gebraucht, um zu beschreiben, warum gerade diese Katze gekommen ist. Nach meinen Erfahrungen erfüllen Katzen, wie andere Tiere auch, sehr viele Aufgaben an der Seite ihrer Menschen. Wir dürfen davon ausgehen, dass genau die Katze bei uns ist, die für uns eine wichtige Bedeutung hat. Katzen möchten uns helfen, dass wir uns entwickeln und wachsen und somit heil oder heiler werden können. Damit helfen sie gleichzeitig sich selbst, heiler zu werden. Und nicht nur das, auch die ganze Welt kann ein Stück weit Heilung erfahren.

FELI:

Ich kann euch diese Frage nicht pauschal beantworten, denn jede Katze kommt mit einer ganz individuellen Aufgabe zu ihrem Menschen. Ich kann euch aber Beispiele nennen, wie diese Aufgaben aussehen können und wie wir mit ihnen umgehen. Die Probleme im Leben der Menschen sind genauso vielfältig wie die Menschen, die sie haben. Wenn ihr davon ausgeht, dass auch ihr hier seid, um eine Aufgabe zu erfüllen, so könnt ihr sicher sein, dass eure Katze da ist, um euch genau dabei zu unterstützen. Wenn die Aufgabe eines Menschen zum Beispiel lautet, dass er den Menschen dabei helfen soll, heil(er) zu werden, so wird zu ihm/zu ihr eine Katze kommen, die alles daran setzen wird, damit dieser Mensch sein heilerisches Potenzial erkennt und in die Welt trägt. Das kann bedeuten, dass dieser Mensch vielleicht einem kranken Wesen

bei der Überwindung einer Krise oder einer schweren Krankheit behilflich sein kann. Es kann auch geschehen, dass die Katze selbst krank wird, um den Menschen auf den Weg zu bringen. Dies geschieht sogar recht oft und das nicht nur, um einen Menschen dabei zu unterstützen, seine wahre Berufung zu finden. So kann die Krankheit einer Katze dem Menschen eine neue Richtung weisen.

Ihr Menschen dürft euch in den Wesen, die euch umgeben, also auch in uns Katzen, sehr gerne wiedererkennen. Ihr dürft das nicht nur, ihr sollt das sogar. Das ist eine sehr wichtige Aufgabe, die wir wahrnehmen. Wir zeigen euch euch selbst. Wir lassen euch erkennen, wer ihr seid, wie ihr seid und wie ihr sein wollt oder nicht sein wollt. Schaut nur genau hin! Das ist eure Aufgabe!! Schaut hin und nicht weg, denn diejenigen, die wegschauen, verpassen Chance um Chance. Diejenigen, die genau hinschauen, können an den Punkt kommen, an dem sie erkennen, worum es geht.

Nun kann es aber auch geschehen, dass ihr genau hinschaut und dennoch nicht erkennt. In solch einem Fall kann ich nur sagen: „Übung macht den Meister." Übt und werdet nicht müde, immer weiter zu üben. Ihr könnt alles trainieren, die Muskeln, den Geist und auch das Bewusstsein. Ihr werdet immer besser darin, zu erkennen, worum es geht, nicht nur im Zusammenleben mit eurer Katze. Vielmehr wird euch eure eigene Aufgabe immer klarer werden, je mehr ihr hinschaut, je mehr ihr schaut, was euch begegnet, was euch fehlt und was sich ständig wiederholt.

Begegnen euch zum Beispiel immer wieder Katzen, so haben Katzen ganz eindeutig eine wichtige Aufgabe in eurem Leben. Habt ihr euer ganzes Leben lang Geldprobleme, so spielt die Wertigkeit, die ihr euch selbst gebt, eine große Rolle. Wenn einer zum Beispiel viel zu viel

Geld hat, dann kann es sein, dass er sich überbewertet, dass er sich für wertvoller hält, als andere. Hat einer zu wenig Geld und kann nie seine Rechnungen bezahlen, so fühlt er sich vielleicht minderwertig und glaubt sogar, dass er diesen Mangel verdient hat. Vermutlich denkt er irgendwann, dass sich das nie ändern wird. Und so wird sich das dann auch nie ändern.

Ihr Menschen habt die Gabe, in alten Mustern zu verharren. Ihr fallt immer wieder auf die gleichen Probleme herein. Und jetzt kommen wir zurück zu den Aufgaben der Katzen an der Seite der Menschen. Wir sind da, bei allem zu helfen, was bei euch eben so ansteht. Wir unterstützen auf so viele Weisen, dass es zu aufwändig wäre, das im Einzelnen zu klären. Unser Wunsch ist es, euch zu dem Gefühl der Freude zu führen, zum Gefühl der Fülle, zur Erfüllung. Wir wollen helfen, Gefühle in euch zu erwecken, die euch fremd sind oder die ihr vergessen habt. Genau das, was euch schwer fällt, wollen wir euch nahe bringen. Wir wollen euch in Liebe dienen und wir wollen helfen, dass ihr das Gefühl der Liebe in euch immer und immer wahrnehmen könnt. Letztendlich sind wir ein wenig wie das Wasser in der Wüste oder wie das Stück Brot nach einer langen Zeit des Fastens. Wir vermögen euch neue Kraft zu geben. Wir vermögen die Liebe und das Lachen in euch zu erwecken. Das ist die vorrangigste Aufgabe in unserem Katzenleben, dass wir euch so viel Liebe geben, wie wir nur können. Und dies tun wir auf allen Wegen, die uns zur Verfügung stehen. Wir sind euch immer in Liebe zugetan. Was immer auch geschieht. Wie groß und schwer unsere Aufgabe auch sein mag. Immer.

Mir läuft es kalt den Rücken herunter, wenn ich Felis Worte lese. Und ich kann für mich bestätigen, dass es stimmt. Bei allem, was die Katzen für ihre Menschen tun, ist die Liebe, die sie dabei zeigen, das größte Geschenk. Egal welche Aufgabe eine Katze an der Seite ihres Menschen auch haben mag, nie wird sie diese Aufgabe erfüllen, ohne dabei selbst von Liebe zu ihrem Menschen erfüllt zu sein. Ich selbst spürte Felis Liebe in jedem Moment unseres gemeinsamen Lebens. Ich spürte diese, wenn sie neben oder auf mir lag und schnurrte. Ich spürte diese, wenn sie mich kratzte, weil ich mal wieder ihre Grenzen ungefragt überschritten hatte. Letztendlich konnte ich Felis Liebe immer spüren, weil sie immer da war. Auch jetzt noch. Gibt es ein größeres Geschenk auf Erden als die bedingungslose Liebe eines anderen Wesens spüren zu dürfen? Gibt es etwas, das uns mehr unterstützt, als in bedingungsloser Liebe angenommen zu werden? Nein, gibt es nicht.

Tipp:

Gönnen Sie sich jeden Tag einen Moment der Ruhe, in dem Sie sich auf die Liebe ihrer Katze besinnen (und natürlich auch aller anderen Wesen, die Sie lieben). Lassen Sie Bilder vor ihrem inneren Auge ablaufen, die Ihnen zeigen, w i e Ihre Katze Sie liebt. Machen Sie sich bewusst, dass Ihre Katze eine ganz eigene Art hat, ihre Liebe zu zeigen. Und erkennen Sie in der Liebe Ihrer Katze, die wichtige Aufgabe, die Ihre Katze an Ihrer Seite hat.
Wenn Sie mögen, dürfen Sie gerne auch sonst genauer auf das schauen, was Ihre Katze so zeigt, denn in jedem Tun steckt ein Sinn. Nicht nur in dem, was wir Menschen tun, sondern ganz genauso in dem eines jeden Tieres. Vielleicht mögen Sie eine Art „Katzentagebuch" führen, in dem sie alle Taten ihrer geliebten Samtpfote festhalten? Lohnenswert ist das allemal!

Katzen und Menschen

Was möchten Katzen den Menschen erzählen?

Zum Abschluss einer jeden mentalen Kommunikation mit einem Tier, frage ich dieses, was es seinem Menschen noch sagen möchte. Die Antworten, die daraufhin vom Tier kommen, sind meist sehr wichtig und ganz besonders wertvoll für seinen Menschen. Manchmal sind sie sogar wertvoll für alle Menschen. Die Aussagen der Tiere enthalten sehr viel Hinweise und Lebensweisheiten, die dem Menschen helfen können, sein eigenes Leben und die Problematiken, die sich ihm zeigen, auf neue Weise wahrzunehmen. Die von den Katzen ausgesprochenen Weisheiten entstammen altem Wissen und deren Verbindung zum Göttlichen. Dadurch, dass Katzen sich der Verbindung mit der göttlichen Quelle bewusst sind, können sie uns – großherzig und großzügig, wie sie nun mal sind – daran teilhaben lassen.

Katzen vermögen nicht rational zu denken oder wollen es nicht. Aber sie haben, durch ihre allzeit präsente Verbindung zum Göttlichen, eine Quelle der Weisheit in sich, die sie klug handeln und klug sein lässt. Diese innere Weisheit macht Katzen zu gern gehörten „Ratgebern". Das ist auch der Grund, warum immer mehr Menschen ihre Katzen/Tiere befragen. Wir alle haben den Wunsch, an dieser Weisheit teilzuhaben und hoffen, der eigenen Verbindung zur göttlichen Quelle wieder etwas näher zu kommen.

Feli:

Du sprichst von der göttlichen Quelle, als sei sie etwas, das weit entfernt und nur schwer zu erreichen ist. Genau das Gegenteil ist aber der Fall. Nichts ist leichter, als die Verbindung zu dieser Quelle aller Quellen zu spüren. Euch hindert der Kopf. Zu viel Kopf und zu viel Denken sind nicht immer gut.

Ich möchte euch gerne eine Geschichte erzählen. Die Geschichte handelt von einer strahlenden Seele, die gerne

auch andere zum strahlen bringen wollte. Alle anderen Seelen, die sich in unmittelbarer Nähe dieser besonders strahlenden Seele befanden, wurden von ihrer Strahlkraft durchdrungen und konnten nicht anders, als ebenfalls hell und klar zu strahlen. Diese Seele wollte aber gerne noch sehr viel mehr Wesen erreichen als nur die Seelenwesen, die sich in ihrer unmittelbaren Umgebung befanden. Sie bat den großen Meister aller Seelen und aller Lichter, ihr einen Weg zu zeigen, dies zu bewerkstelligen. Da sagte der große Meister: „Wenn dies dein Wunsch ist, so werde ich dir eine Gestalt geben, in der du den Menschenwesen in Liebe dienen und sie durch deine Liebe zum strahlen bringen kannst. Du darfst in Gestalt einer Katze (für Hundefreunde: eines Hundes – für Pferdefreunde: eines Pferdes – für Vogelfreunde: eines Vogels u. s. w.) auf die Erde gehen und den Menschen helfen, ihren eigenen Weg zu erkennen und sie dabei unterstützen, ihn zu gehen. Du darfst all deine Liebe, all dein Wissen, all dein Können, all deine strahlende Pracht dafür verwenden, den Menschen die Schönheit in allem zu zeigen". Und so machte sich die strahlende Seele auf den Weg zu den Menschen, ihnen in Liebe zu dienen und ein Strahlen auf ihr Gesicht zu zaubern. Und viele, viele andere, nicht minder strahlende Seelen folgten ihr. So fing es an, so war es, so ist es und so wird es immer sein. Und das ist und war der Einstieg zu dem, was die Katzen den Menschen erzählen möchten. Der genaue Inhalt dessen, was wir euch sagen möchten, ist letztendlich nicht wichtig. Wichtig ist, wie dieser Inhalt bei euch ankommt und auf euch wirkt. Dabei ist es bedeutungsvoll, dass ihr, was immer wir für euch tun, unsere Liebe spüren und wahrnehmen könnt. Es ist das Geschenk von uns an euch, dass wir alles von uns geben, euch zu dienen.

Was eine Katze ihrem Menschen sagen möchte kann ich euch am eigenen Beispiel demonstrieren. Wenn ich meinem Menschen heute etwas sagen sollte, dann wäre es dieses: „Siehst du meine Liebe zu dir strahlen? Wenn du nämlich meine Liebe zu dir nicht strahlen siehst, dann ist etwas in dir blockiert. Wenn etwas in dir blockiert ist, kannst du die freudvollen Seiten des Lebens nur schwer wahrnehmen. Die Blockade – und da ist gerade eine solche in dir – lässt dich viel Schmerz und Dunkelheit fühlen. Unnötig zu erwähnen, dass dir das nicht gut tut. Doch ich weiß und sehe, dass dein innerer Schmerz heilen kann und auch bereit ist, das jetzt zu tun. Du musst dich ihm nur öffnen, du musst einfach nur bereit sein. Sei bereit. Mehr ist nicht nötig. Lass den alten Schmerz einfach los. Er darf aus dir herausfließen und sich wandeln. Ich helfe dir dabei, indem ich dich deine innere Kraft und meine Liebe zu dir spüren lasse.

Und jetzt bin ich wieder am Beginn meiner Worte, indem ich dich frage, ob du mich strahlen siehst. Siehst du mich nämlich strahlen, dann erkennst du dadurch dein eigenes Strahlen. Es ist immer da, nur kannst du es manches Mal nicht sehen. Auch der Himmel ist immer da, aber er ist nicht jederzeit sichtbar. Alles ist immer da, doch du siehst immer nur dich selbst."

Das war jetzt eine ganz persönliche und eigentlich auch sehr vertrauliche Botschaft für meinen Menschen. Er bzw. sie weiß, was ich damit sagen will. Und so wie ich gerade meinen Menschen daran erinnert habe, sich auf die Kraft in sich selbst zu besinnen und auf die Liebe, so will jede andere Katze und überhaupt wollen alle Katzen dieser Welt, die den Menschen zur Seite stehen, egal ob groß oder klein, immer nur eines sagen: Besinnt euch auf die Liebe in euch. Und wenn ihr vergesst, wie diese sich anfühlt, dann schaut uns an, eure treuen Katzenfreunde. Wir zeigen es euch dann schon. In welchen Worten euch die Botschaft nahe gebracht wird und bei welchen Problemen sie euch helfen können, das kann so vielfältig und bunt sein wie raschelndes Herbstlaub.

Wenn ich zusammenfasse, dann lautet das, was wir Katzen die Menschen wissen lassen möchten, wie folgt: Seid euch der Liebe in euch selbst bewusst, liebt jedes Wesen hier und überall, wie auch ihr geliebt werden möchtet. Tut Gutes und teilt das Gute, vorzugsweise mit eurer Katze. Geht respektvoll mit allen und allem um. Und vergesst nie, dass wir euch lieben, genau so wie ihr seid. Unsere Liebe könnte nicht größer sein, wäret ihr aus purem Gold, oder aus Thunfisch. Nur die Liebe zählt. Dieser eine Satz, der sehr oft gebraucht – manchmal auch missbraucht – wird, ist dennoch wahr. Wenn ihr liebt, dann lasst ihr einen anderen so sein, wie er sein soll oder will. Nicht immer will einer sein, wie er sein soll. Aber das geht einen anderen nichts an. Liebt ihr diesen einen, der nicht so ist, wie ihr ihn gerne hättet oder wie ihr glaubt, dass er sein sollte, dann lasst ihr ihn so sein, wie er ist. Das kann die Liebe möglich machen. Die Liebe hilft euch Dinge loszulassen, die euch schaden. Sie hilft euch, mit einem ganz besonderen Blick auf das zu schauen, was euch im täglichen Leben begegnet. Sie ist euer Maßstab, bzw. sie sollte es sein.

***DAS** bedeutet es, wenn ich sage, dass nur die Liebe zählt. Sie ist das Maß aller Dinge. Wenn ihr mit diesem Maßband messt, werdet ihr immer zu einem stimmigen Ergebnis kommen.*

Wow. Warum staune ich eigentlich noch? Ich habe doch schon Hunderte von Katzen- bzw. Tierbotschaften aufgeschrieben und weiß um deren tiefgründige Inhalte. Zu dem hier von Feli gesagten fällt mir ein Spruch von Anaïs Nin ein: „Wir sehen die Dinge nicht so, wie sie sind, sondern wir sehen sie so, wie wir sind." Wie wahr. Ich bin hier und jetzt gerade sehr, sehr dankbar für Felis Worte.

Tipp:

Versuchen Sie die „unausgesprochene Botschaft" ihrer Katze zu verstehen. Was will sie Ihnen gerade heute mitteilen? Auf welche Weise drückt Ihre Katze die Liebe zu Ihnen aus? In welchen Handlungen Ihrer Katze können Sie diese bedingungslose Liebe erkennen? Betrachten Sie die Handlungen Ihrer Katze von nun an mit den Augen der Liebe und sehen auch Sie die Liebe in allem, was von der Katze zu Ihnen kommt. Oder von anderen. Malen Sie sich für jeden Moment, in dem Sie die Liebe Ihrer Katze ganz besonders spüren, ein Herz in Ihren Kalender. Da wird eine ganz schöne Summe zusammenkommen.

Welche Botschaft hat Feli für die Menschen?

Seit Jahren kommuniziere ich mit Tieren und stelle ihnen Fragen, die mir deren Menschen übermittelt haben. Dabei geht es mir aber nicht primär um die Fragen der Tierhalter, sondern vielmehr darum, welche Fragen das Tier im Rahmen einer Kommunikation auch gerne (!) beantworten möchte.

Wenn man etwas von (s)einem Tier erfahren möchte, ist es sehr viel wichtiger, darauf zu achten, was das Tier von sich aus Preis geben möchte und nicht so sehr das, was der Mensch von (s)einem Tier wissen will. So haben sich im Laufe der Zeit zwei Fragen als besonders wichtig herausgestellt, die die Tiere immer gerne beantworten, ja, ich kann sogar sagen, auf die sie begierig warten. Eine Frage davon ist, welche Aufgabe das Tier an der Seite seines Menschen hat. Die andere Frage ist, welche Botschaft es seinem Menschen mitteilen möchte.
Wie jeder Mensch seine (Lebens)Aufgabe hat, so hat auch jedes Tier (s)eine ganz spezielle Aufgabe an der Seite seines Menschen. Und hat man mehrere Tiere, so erfüllt jedes der anwesenden Tiere seinen ganz besonderen Auftrag.

Manchmal – nein, sogar sehr oft – ist es so, dass ein Tier in die Fußstapfen eines verstorbenen Tieres tritt und dessen Aufgabe übernimmt. Dann kann es vorkommen, dass es mitunter Verhaltensweisen aufzeigt, die dem verstorbenen Tier eigen waren und beginnt in „Rollen" zu schlüpfen, die sein „Vorgänger" innehatte. Dabei handelt es sich um Absprachen auf Seelenebene, die die Tiere miteinander getroffen haben und die nun erfüllt werden.

Die Botschaften, die die Tiere für ihre Menschen haben, sind sehr individuell und beinhalten immer wichtige Hinweise für den Menschen. Die Informationen, die diese Botschaften enthalten, erscheinen manchmal verschlüsselt und schwer zu verstehen. Befasst man sich jedoch intensiv damit und lässt sich darauf ein, kommt man – früher oder später – dem Kern des Gesagten auf den Grund. Es ist der größte Wunsch aller Tiere, die mit Menschen zusammenleben, dass wir ihre Botschaften

nicht nur lesen oder hören, sondern umsetzen, denn dafür sind sie da! Was nützt das gesprochene Wort, wenn ihm keine Tat folgt?

Deshalb ist meine große Bitte an Sie, den Katzen-/Tierfreund, der dies liest: Nehmen Sie sich die Zeit, die es braucht, um diese Botschaft von Feli zu verstehen, anzunehmen und zu leben. Ich danke Ihnen im Namen von Feli.

Und wenn Sie dann auf den Geschmack gekommen sind, schauen Sie auf das, was Ihr Tier Ihnen mitteilen möchte. Denn, da bin ich ganz sicher, es wartet darauf, sich Ihnen mitteilen zu dürfen!

FELI:

Vielen Dank, dass ihr mir bisher zugehört habt und auch die Antwort auf diese Frage noch hören/lesen wollt. Was ich euch jetzt noch erzählen möchte wisst ihr alle schon, auch wenn ihr euch vielleicht gerade nicht an dieses Wissen erinnert.

Alle Wesen auf dieser Welt sind miteinander verbunden und stehen miteinander in Kontakt, so wie ihr, während ihr das hier lest, mit mir in Verbindung steht. Ihr kennt mich nicht, zumindest die meisten von euch und doch gibt es, dadurch dass ihr meine Worte lest, jetzt eine Verbindung zwischen uns. Mir ist es wichtig, dass ihr erkennt und versteht, dass keiner für sich alleine agiert. Keiner kann sich von den anderen absondern. Selbst wenn ihr keinen Kontakt mehr zu anderen Menschen habt oder haben wollt, so nehmt ihr dennoch an deren Leben Teil und sie an eurem. Selbst wenn ihr glaubt, ihr habt mit anderen nichts zu tun, so wirkt das, was andere tun, dennoch auf euer Leben ein. Und das was ihr tut, beeinflusst das Leben anderer. Natürlich wirkt sich euer Tun auch auf das Dasein der Tiere auf dieser Welt aus. Alles was ihr tut, alles was ihr denkt, alles was ihr fühlt, macht sich – irgendwo, irgendwann, irgendwie – be-

merkbar. Ich empfinde es als immens wichtig, dass ihr immer nur das aussendet, was ihr selbst gerne empfangen möchtet.

Meine Botschaft an die Menschen ist deshalb nur einfach und kurz. Aber meist ist es das Einfache, das die Menschen nicht annehmen können oder wollen. Ihr habt euch schon sehr weit von dem Einfachen entfernt. Das Einfache ist und war euch einfach zu einfach. Irgendwann hat es sich bei euch durchgesetzt, dass alles gefälligst kompliziert zu sein hat. Statt eines „einfachen" Apfels esst ihr lieber eine üppige Mahlzeit, deren Zubereitung zeigen soll, wie gut ihr euch aufs Kochen exotischer Mahlzeiten versteht. Ob das dann noch schmeckt, ist dabei fast schon egal. Dabei hat der Apfel alles was ihr braucht. Ihr fahrt auch viel lieber in die Ferne und sucht dort nach dem, was ihr in der Nähe eurer Heimat vermeintlich nicht findet. So lange ihr das tut, um euren Horizont zu erweitern, ist das gut und vollkommen in Ordnung. Reist ihr jedoch weiter und weiter, weil ihr glaubt, nur an einem gänzlich anderen Ort als dem, an dem ihr zuhause seid, das zu finden, was ihr sucht, dann reist ihr vergeblich. Damit meine ich, dass ihr nicht in die Ferne schweifen müsst, weil doch das Gute so nah ist, und dass man alles bei und um sich hat, was man braucht. Aber auch das ist euch zu einfach.

Menschen lehnen oft ab, was sie haben, um sich etwas zu leisten, was sie gar nicht brauchen. Wenn ihr jedoch glaubt, dass ich euch nun rate, doch wieder in der Blockhütte im Wald zu leben, dann irrt ihr. Ich wünsche mir nur sehr, dass ihr wieder einen Blick für das bekommt, was euch wirklich gut tut. Warum muss denn alles so kompliziert sein?
Mir fallen noch viele Beispiele ein, zum Beispiel die vielen elektrischen und elektronischen Geräte, die ihr meint besitzen zu müssen. Diese zu bedienen fällt euch immer

schwerer und fast blickt ihr selbst nicht mehr durch. Schöne, kleine und gemütliche Häuser, die Freundlichkeit und Gemütlichkeit vermitteln, sehe ich in meiner näheren Umgebung fast kaum noch. Dafür werden die Häuser immer größer und strahlen Kälte aus. Wie kalte Paläste kommen sie mir vor. Sie scheinen als Symbol für viel innere Kälte zu stehen. Die dazugehörigen Gärten werden dafür immer kleiner. Der alte Baum, der vielleicht einst darin stand, wird gefällt und weicht dem pflegeleichten Bäumchen. Nichts gegen das pflegeleichte Bäumchen, es ist lieb und nett und versucht das seine zu tun, doch hat es nicht die Kraft und Energie, die der alte Baum hatte.

Ich komme wieder zurück auf die Botschaft, die ich an die Menschen habe. Sie ist nicht nur Botschaft, sondern gleichzeitig Wunsch: Achtet und respektiert das „Alte" und besinnt euch auf das „Einfache". Erkennt euch selbst als Bestandteil eines Systems, in dem jeder eine wichtige Rolle innehat. Erkennt, dass jeder einzelne von euch mitbestimmt, wo es lang geht. Versucht wieder wahre Werte zu erkennen. Dazu gehört, die Erde unter euren Füßen – sofern ihr mit ihr überhaupt noch in Kontakt kommt – als wertvoller anzuerkennen, als die Straße über die ihr mit eurem Auto fahrt! Schenkt den Dingen die Anerkennung, die sie verdienen. Schaut nicht auf leere Inhalte, schaut auf die Fülle und die Kraft im Kleinen. Lernt wieder in alle Richtungen zu schauen. Schaut nach rechts, nach links, nach oben, nach unten, nach vorne und nach hinten. Ihr seid mitten drin, aber niemals alleine.

Nehmt in dem Kreis, in dem ihr steht, alles wahr, was ihn ausmacht: Euch selbst als fühlende Wesen, die Tierwelt mit allen ihren Kreaturen als wichtigen Bestandteil, die Bäume, alle Pflanzen, die Steine, das Wasser, die Luft, alle Landschaften. Nehmt wahr, dass alles für euch da ist und gleichzeitig solltet ihr für alle(s) da sein. Hört auf damit, nur für euch selbst und einige wenige auserwählte

(Tiere, Pflanzen, etc.) da sein zu wollen. Lasst euren Blick allumfassend werden.

Das wünsche ich mir und vor allem euch! Und wenn ihr erkannt habt, dass ihr und wir, du und ich Brüder und Schwestern sind, dann erst fangt ihr an, wirklich zu verstehen und das Leben, das ihr euch gewählt habt, auszufüllen. Dann könnt ihr Gutes tun, Gutes ernten. Dann wird es euch auch nicht schwer fallen, die Botschaften eurer Katzen (oder welcher Tiere auch immer) zu verstehen.

Mein letzter Satz gilt eurer Katze: Liebt eure Katze, so wie diese euch liebt. Und wenn ihr glaubt, das nicht zu können, dann übt jeden Tag aufs Neue, bis es klappt.

Puh. Was sich auf den ersten Blick liest wie der Auszug aus einem Esoterik-Ratgeber, ist die Weisheit, das Wissen, die Klugheit der Tierseelen. Sie wissen das tatsächlich, was sie uns übermitteln. Sie tragen dieses allumfassende und alte Wissen immer in sich. Dazu müssen sie keine Bücher lesen. Dazu müssen sie keinen Therapeuten aufsuchen. Ihre Therapie ist das Leben. Die Kraft, die sie brauchen, um ihre Botschaften an den Mann bzw. die Frau zu bringen, holen sie sich aus ihren inneren Kraftquellen und aus der Verbindung zum Göttlichen. Dazu müssen sie keiner Religion oder irgendeiner sonstigen Gemeinschaft angehören. Sie sind immer ganz sie selbst und sehen sich selbst als wichtigen Bestandteil einer großen Ordnung. Sie kennen – unabhängig von ihren körperlichen Ausmaßen – ihre Größe.

Ich musste, als ich diese Antwort von Feli gelesen habe, an ihre Einstiegsworte in dieses Buch denken: Die Blume will nur blühen und Freude bereiten, egal ob das gesehen wird, oder nicht. So kann man ein jedes Tier, nicht nur die wunderbaren Wesen,

die eng mit den Menschen zusammen leben, nur bewundern und von ihm lernen. Denn jedes Tier hat (s)eine ganz besondere Botschaft für uns, die wir glauben, so viel zu wissen.

Tipp:

Ich bin sicher, dass viele Menschen nur zu gerne wüssten, welche Botschaft ihr Tier für sie hat. Aber wie sieht es im umgekehrten Fall aus? Welche Botschaft haben Sie für Ihr Tier? Was glauben Sie, warum Sie Ihr Tier, Ihre Katze, Ihren Hund, zu sich geholt haben? Und damit meine ich nicht einen oberflächlichen Anlass, sondern einen tieferen Sinn. Was verbindet Sie und Ihr Tier auf Seelenebene? Was können Sie Ihrem Tier an inneren Gaben geben? Mein Gefühl ist, dass Sie sehr gerne bereit sind, viel für ihr Tier zu tun. Sind Sie darüber hinaus auch bereit, die Hilfe Ihres Tieres anzunehmen? Könnte **das** vielleicht Ihre Aufgabe sein, dass sie sich nämlich von Ihrem Tier unterstützen lassen? Sind Sie bereit, **das** zu erkennen und anzunehmen?

Da Feli die Einfachheit sehr betont hat, könnten Sie versuchen diese Fragen auf spielerische Art und Weise zu beantworten. Spielen Sie eine Weile mit Ihrer Katze und lassen Sie deren Energie auf sich wirken. Danach setzen Sie sich hin und malen auf, was Sie für Ihre Katze fühlen, welche Rolle Sie für Ihre Katze spielen und was Ihre Katze für Ihr Leben bedeutet. Versuchen Sie dabei, Ihren Kopf außen vor zu lassen, geben Sie sich einfach nur den Farben hin und dem, was als Bild in Ihnen hoch kommt. Sie müssen niemandem Rechenschaft darüber ablegen, außer vielleicht Ihrer Katze. Aber keine Angst, sie wird ganz genau verstehen, was Sie mit Ihrem Bild zum Ausdruck bringen wollen!

Ernährung und Gesundheit

Katzen und Sauberkeit

Kaum ein Begriff scheint mir fehlerhafter interpretiert zu werden, als der der „Katzenwäsche". Nach der gängigen Meinung soll damit zum Ausdruck gebracht werden, dass jemand sich keine große Mühe mit seiner täglichen Körperpflege gibt. Katzen hingegen putzen sich täglich ausgiebig. Mir kommt es vor, als werde jedes einzelne Haar streng geprüft und dann einer gründlichen Reinigung unterzogen – gerne auch mehrmals. Also müsste der Begriff „Katzenwäsche" eigentlich bedeuten, dass sich jemand über Gebühr reinigt und pflegt.

Doch natürlich gibt es auch unter Katzen die kleinen und großen Schmutzfinken, die sich nicht zu schade sind durch Matsch zu laufen und sich im Dreck zu wälzen. Meine Katze Balou war eine solche Katze, die sich gerne ausgiebig im Schmutz wälzte und danach aussah wie ein paniertes Schnitzel. Aber auch sie war stets darauf bedacht, irgendwann wieder einen guten – nämlich sauberen – Eindruck zu machen.

Außer bei alten und kranken Katzen gehört die ausgiebige Körperpflege zu einem beliebten und penibel gepflegten Ritual, das täglich vollzogen wird. Auch Feli macht da keine Ausnahme.

FELI:

Zuerst einmal möchte ich etwas zu dem Begriff Sauberkeit anmerken. Sauberkeit und Sauberkeit, das können ganz unterschiedliche Dinge sein. Der Mensch hat vielfach eine etwas merkwürdige Beziehung zum Thema Sauberkeit. Da wird oftmals über Gebühr streng gewertet und an anderer Stelle dafür wieder sehr nachlässig mit diesem Thema umgegangen. Sauberkeit bedeutet für mich und meinesgleichen zuallererst und überhaupt die persönliche Reinheit. Was wir erreichen möchten ist, dass wir innerlich und äußerlich strahlen können. Die innere Reinheit ist mindestens ebenso wichtig wie die

äußere. Bei der inneren Reinheit genügt es nicht, mit schweren Geschützen wie Reinigungsmitteln und Lappen anzukommen. Um hier für Reinheit und Klarheit zu sorgen, muss ein jeder voller Liebe auf und in sich schauen. Ein jeder muss sich voller Liebe (an)erkennen und das annehmen, was er in sich wahrnimmt. Wer sich damit schwer tut, sich so anzuerkennen, wie er ist, der wird sich innerlich nicht gut fühlen. Ist die innere Akzeptanz aber nicht vorhanden, so wird die äußere Akzeptanz, also die Akzeptanz dessen, was man im Außen sieht, auch nur schwer zu erreichen sein. Ich bin nicht sicher, ob ihr versteht, wie ich das meine. Das äußere Putzen und Schrubben vermag nicht, innere Reinheit zu schaffen. Die innere Reinheit muss von innen kommen, sowie die äußere Reinheit von außen kommt. Nicht immer stimmen das Innen und das Außen überein, weil – zumindest in meinen Augen und in den Augen vieler meiner Geschwister – die äußere Reinheit, so wie Menschen sie verstehen und erschaffen, eine Farce ist. Zu viel Ordnung und zu viel Sauberkeit sind nicht in Ordnung. Wieder etwas, das in euren Augen und Ohren merkwürdig aussehen und klingen mag. Und doch empfinden wir es genau so! Steht alles sauber und äußerlich strahlend an seinem Platz und immer nur dort, so sehe ich das als Mangel an Bewegung. Wo keine Bewegung ist, findet keine Veränderung statt. Das ganze Leben ist jedoch auf Bewegung und Veränderung ausgerichtet. Und so ist zu große Ordnung, zu viel vom Gleichen, zu viel äußere Reinheit, für uns Katzenwesen vielmehr Stillstand und auch Zeichen von innerer Leere und Unausgefülltheit. Lebendigkeit kennt keinen Schmutz. Die Natur kennt keinen Schmutz. In der Natur ist alles rein. Das, was die Natur hervorbringt, zu unterteilen in gut und schlecht, in sauber und schmutzig, das ist das Werk von Menschen. Wobei ich nicht abstreiten möchte, dass man in Situationen kommen kann, in denen man verunreinigt wird. Das ist vor allem dann der Fall, wenn man sich in einer schwierigen Lebenssituation befindet.

Hilflosigkeit führt sehr oft dazu, dass man sich selbst nicht mehr reinigen kann, weder äußerlich, noch innerlich.

Ihr seht, dass sogar dieses Thema, das auf den ersten Blick unscheinbar daherkommen mag, sehr viel enthält und tiefer angeschaut werden möchte.

Wir Katzenwesen sind dafür bekannt, dass wir es mit der Reinlichkeit sehr genau nehmen. Das stimmt. Jedoch schauen wir dabei nicht nur auf das Äußere. Es ist uns ein wichtiges Anliegen, dass unser Körper, unser Fell, unsere Haut, gepflegt sind, so dass wir uns wohl fühlen. Die geistigen Wesen, die wir nun mal sind, fühlen sich wohl in einem gepflegten Zuhause. Wobei der Begriff „gepflegt" durchaus vielfältig gesehen werden darf. Während bei dem einen von uns jedes Haar an seinem Platz liegen muss, so kann ein anderer durchaus einen „lässigen Look" pflegen. Jeder darf seinen ganz eigenen Stil haben, was bei derartig vielfältigen Erscheinungen, die wir sind, gar nicht anders geht. Selbst bei zwei identisch aussehenden Katzen wird es keine geben, die der anderen aufs Haar gleicht. Das möchten wir auch gar nicht. Dazu sind wir viel zu große Individualisten.

Um nun zurück zu kommen auf den Begriff „Reinheit": Reinheit ist sehr viel mehr als Sauberkeit. Und Reinheit hat nichts mit Äußerlichkeiten zu tun. Deine ganz persönliche Reinheit erreichst du, wenn du eine Atmosphäre für dich schaffst, in der du dich wohl fühlst. Das sieht für jeden anders aus. Die Wohlfühlatmosphäre ist für den einen erreicht, wenn alle Fenster geputzt sind und keine Socken mehr auf dem Fußboden herum liegen. Ein anderer von euch mag sich wohl fühlen, wenn er Musik hören kann, egal ob das schmutzige Geschirr sich stapelt oder ein Berg von Wäsche darauf wartet, gewaschen zu werden. So muss jeder für sich selbst herausfinden, wann und wo er sich wirklich wohl fühlt.

Wenn ihr Reinheit mit äußerer Ordnung gleichsetzt, werdet ihr sie nicht erreichen. Die Ordnung eurer Umgebung ist oft gleichzusetzen mit der Ordnung, die ihr im Außen und im Innen darstellt, obwohl das tatsächlich nicht immer stimmen muss. Jeder kann mit sich im Reinen sein und dabei aber nicht zu viel Wert auf äußere Reinlichkeit legen. Hier kommt wieder der Wohlfühlfaktor zum Tragen. Er ist ganz wichtig und sollte der Maßstab für jeden sein.

Wir Katzenwesen schätzen es sehr, wenn wir im Außen makellos sind. So nämlich empfinden wir uns auch im Innen: makellos. Diese Makellosigkeit ist für uns aber keine Einbahnstraße, sondern kann ein kurven- und ereignisreicher Weg sein. Achtet doch einmal darauf, ob und wie sich der Katzenfreund an eurer Seite pflegt. Ist er der akribische Typ, der jedes Haar zweimal dreht und wendet? Oder ist er oder sie eher der genussvolle Schlecker, der mit halb geschlossenen Augen sein Fell auf Hochglanz bring, ohne allzu kleinlich zu sein? Oder aber habt ihr ein Katzenwesen an eurer Seite, dass schnell und gründlich sein Äußeres in Form bringt? Ganz viele unterschiedliche Typen gibt es unter uns, genauso wie unter euch.
Doch eines ist uns allen gleich: Wir lieben es, unsere Schönheit zu präsentieren. Wir lieben es, durch unser Erscheinen, die Welt zu einem schöneren Ort zu machen. Wir sind immer darauf bedacht, die Schönheit der Natur durch unser Äußeres nicht zu beschämen, sondern zu bereichern. Und, ganz unter uns, ein wenig Eitelkeit ist auch dabei. Aber es ist eine Eitelkeit, die niemandem Schaden zufügen will. Und so kann sie aus ganzem Herzen akzeptiert werden.
Die vielen unter uns, die nicht mehr in der Lage sind, ihren Körper zu pflegen, befinden sich auf anderen Wegen. Sie sind oft innerlich auf Abwegen und müssen sich mit Krankheit und Not auseinandersetzen. Sie können dadurch im Außen nicht das darstellen, was sie wirklich

sind, eben weil sie es im Innen nicht (mehr) sind. Wenn eine Katze krank ist, und das ist bei den Menschen ja auch nicht anders, dann muss sie ihren Fokus nach innen richten. Sie spiegelt im Außen das Innen wieder. Immer wenn das Außen unharmonisch wirkt und Unwohlsein hervorruft, dann ist das Innen in sehr viel stärkerem Ausmaß betroffen.

Auch Katzen, die sich auf dem Weg zur Regenbogenbrücke befinden, haben eine neue Ausrichtung, die es Ihnen nicht mehr wichtig erscheinen lässt, der äußeren Gestalt zu viel Aufmerksamkeit zu widmen. Sie sind in viel größerem Umfang damit beschäftigt, einen grandiosen inneren Weg zu beschreiten, was ihre ganze Kraft erfordert. So kann es kommen, dass eine Katze, die sich im Sterbeprozess befindet, äußerlich nicht mehr irgendwelchen Schönheitsidealen entspricht und das, weil sie es weder kann, noch für nötig und wichtig erachtet. Innerlich aber wächst sie gerade in eine neue Form von strahlend heller Schönheit hinein.

Jeder, der das zu erkennen vermag, weiß was wahre Schönheit ist. Wahre Schönheit ist immer auch wahre Reinheit. Reinheit bzw. das, was ihr als Sauberkeit bezeichnet, sollte stets in Hinblick auf das Wesen betrachtet werden, denn jedes Wesen hat seine ganz persönliche Einstellung dazu, die es zu respektieren gilt. Sauberkeit ist nicht Ordnung, Ordnung ist nicht Reinheit. Wahre Reinheit ist immer fühlbar, aber nicht immer sichtbar!

Hui, da dachte ich, ich hätte mal ein einfaches und leichtes Thema zur Hand gehabt und schon bin ich wieder von (m)einer vermeintlich kleinen Katze beschämt worden. Mir kommt der Gedanke, dass jedes Thema offensichtlich viel Tiefe enthalten kann, wenn man den Wunsch hat, tiefer zu schauen.

Nachdem, was Feli zur Sauberkeit gesagt hat, glaube ich zu erkennen, dass jedes Wesen sich sehr viel intensiver mit seiner eigenen Sauberkeit bzw. Reinheit beschäftigen sollte. Und dabei ist es ganz wichtig, in beide Richtungen zu schauen, nach innen **u n d** nach außen. Im Innen beginnt alles und im Innen beginnt auch die Reinheit. Reinheit nur von außen erreichen zu wollen, wird wohl keinen großen Erfolg bringen. Wenn man sich in der Natur umschaut, so entsteht auch dort Entwicklung immer von innen nach außen und nie umgekehrt. Das heißt Pflanzen entwickeln sich aus der Erde (dem Innen) in die Luft (dem Außen). Auch hier macht es im Fall von Krankheiten keinen Sinn, nur das äußerlich Sichtbare zu „behandeln", ohne die Wurzeln und die Kraft, die aus der Tiefe/dem Innen kommt mit einzubeziehen. Die Natur hat tatsächlich ihre ganz eigene Darstellung von Reinheit, die nichts mit oberflächlicher Ordnung und Sauberkeit zu tun hat. In der Natur findet jeder seinen Lieblingsplatz, entsprechend seiner eigenen inneren Reinheit und Lebenssituation.

Tipp:

Vielleicht möchten Sie, zusammen mit Ihrer Katze/Ihrem Tier, ein tägliches oder wöchentliches Reinigungsritual abhalten, das dazu dienen kann, zu mehr innerer Reinheit zu gelangen. Dies könnte so ablaufen, dass Sie und Ihre Katze/Ihre Katzen sich an einen ruhigen Ort setzen und Sie für sie alle eine Visualisierung vornehmen. Dies kann in Form von laut ausgesprochenen oder leise gedachten Worten geschehen. Oder Sie malen sich innere Bilder aus. Stellen Sie sich zum Beispiel vor, dass Sie mit Ihrer Katze auf einer bunten Frühlingswiese sitzen und von der Sonne beschienen werden. Jeder von ihnen hat seinen ganz persönlichen Sonnenstrahl, in der Farbe, die momentan Wohlbefinden bereitet. Dieser Sonnenstrahl umhüllt jeden von ihnen äußerlich und wäscht alles ab, was im Außen stört. Gleichzeitig atmen Sie das stärkende und reinigende Sonnen(farb)licht ein und geben ihm beim ausatmen alles mit, was die innere Ordnung stört.

Atmen Sie gemeinsam mit Ihrer Katze reinigendes Sonnenlicht ein und stellen Sie sich vor, wie sie beide mit dem Ausatmen alles loslassen, was sie nicht mehr benötigen. Bleiben sie fünf bis zehn Minuten unter dem reinigenden Sonnenlicht sitzen. Sobald Sie das Gefühl haben, dass die innere und äußere Reinigung abgeschlossen ist, bedanken Sie sich bei der heilenden Kraft der Sonne und verabschieden sich von ihr und dem Platz der Reinigung. Regelmäßig angewandt kann dieses kleine Ritual zu einem Gefühl von Klarheit führen und die Verbindung zu ihrem Tier innig(er) und lichtvoller werden lassen.

Katzen und (FR)Essen

Ein oft heiß und intensiv diskutiertes Thema sind die Essgewohnheiten von Katzen und das, was in deren Näpfen landet. Jeder, der eine Katze an seiner Seite hat, kann ein Lied davon singen, wie schwierig sich die Fütterung von Katzen mitunter gestaltet. Da kann ein Futter verweigert werden, das bis vor kurzem noch mit Begeisterung verspeist wurde. Oder die Katze schlingt begeistert etwas herunter, was sie bis dato nicht mal von hinten anschaute.

Kaum ein anderes Haustier kann, was die Fütterung angeht, so heikel sein, wie dies eine Katze ist. Doch ist sie das wirklich? Oder wird ihr diese Rolle vielleicht nur anerzogen? Ich will an dieser Stelle nicht darüber sprechen, was vermeintlich das richtige oder das falsche Futter für eine Katze sein mag. Auch da gibt es ganz unterschiedliche Meinungen und Vorstellungen. Die einen bestehen darauf, ihre Katze nur roh zu füttern. Andere wiederum geben ihrer Katze aus Überzeugung nur Fertigfutter. Meine eigenen Katzen werden mit rohem Fleisch gefüttert (selbstverständlich nebst den benötigten Beigaben). Ich habe aber auch ältere Katzen, die darauf bestehen, mit Fertigfutter aus dem Supermarkt gefüttert zu werden. Sie sehen, dass die Katze auch bei der Fütterung ein Individualist ist und sich nichts aufzwingen lässt, was sie nicht möchte, nicht kennt, nicht gewohnt ist. Jeder, der seine Katze liebt, möchte ihr das geben, was gut für sie ist. Mitunter hat die Katze jedoch eine andere Vorstellung davon was gut für sie ist, als ihr Mensch.

So kann die Fütterung der Katze durchaus zu einem täglichen Kampf werden.
Was mag dahinter stecken? Wie kann man Entspannung in dieses Thema bringen? Wie empfinden Katzen den Inhalt ihres Napfes? Ich bin schon gespannt, was Feli dazu erzählen wird.

FELI:

Ihr macht eine viel zu große Sache aus etwas Selbstverständlichem. Ich kann das sehr oft nicht verstehen. Essen ist einerseits etwas Überlebenswichtiges, andererseits ist es etwas, das den Tagesablauf der Tiere mit bestimmt und von seiner ganz eigenen Natur geregelt wird. So wünscht sich jedes Wesen, egal ob Mensch oder Tier, so zu essen, wie es ihm entspricht und wie es kann und will.

Ich empfinde meine Mahlzeiten manchmal regelrecht als Zwang, weil ich nicht essen darf, sondern vielmehr soll. Essen sollen, das macht keinen Spaß! Essen dürfen, das ist es, was ich will!

Ich weiß, dass Menschen immer alles organisieren müssen, sonst glauben sie, dass ihnen das Leben entgleitet. Leben viele Menschen zusammen, muss die Organisation besonders straff sein. Organisation ist etwas, was mir als Katze ein wenig fremd ist. Auch wenn ich ebenfalls bestimmte feste Regeln habe und auch lebe, so bin ich – und so sind ganz viele von uns – sehr viel lebendiger in dem was wir tun und wie wir leben. Für mein Gefühl kann das Leben nur gelebt, nicht aber organisiert werden. Diese regelmäßigen täglichen Abläufe können natürlich auch sehr hilfreich sein. Ich bin durchaus dankbar dafür. So weiß ich zum Beispiel immer, um welche Uhrzeit es Essen gibt, da dies jeden Tag zur gleichen Zeit geschieht. Wenn ich hungrig bin, weiß ich, wann ich nach Hause kommen kann, um einen gefüllten Napf vorzufinden. Das weiß ich wirklich zu schätzen. Meistens bin ich schon vorher da und warte gespannt darauf, dass mein Napf gefüllt wird. Nicht zu schätzen weiß ich allerdings, dass es von mir erwartet wird, immer dann anwesend zu sein, wenn Essenszeit ist. Ich soll also auch dann da sein, wenn ich vielleicht gar keinen Hunger habe. Und wisst ihr was? Das ist richtig blöd. Als Katze bin ich es nicht gewohnt, gegen meine Bedürfnisse zu entscheiden. So kann es geschehen, dass ich meine Menschen traurig oder gar wütend mache, wenn ich zur Essenszeit nicht zuhause bin. Wenn ich, um ihnen einen Gefallen zu tun, zwar zuhause bin, aber nicht esse oder nur ein wenig im Essen stochere, sind sie wieder traurig. Es ist schon ein rechtes Kreuz.

Ich sehe die Problematik aber nicht in uns Katzen, sondern in der Sichtweise der dazugehörigen Menschen. Essen soll man dürfen und nicht müssen. Das wäre auch für viele Menschen erstrebenswert. Aber dazu, dass wir Essen dürfen wann wir wollen, wird es wohl nie kommen. Das ist scheinbar auch nur schwer in den menschlichen Tagesablauf zu integrieren. Ich verstehe das durchaus. Es ist immer schwierig, wenn unterschiedliche Lebensformen und Vorstellungen aufeinander prallen.

Das, was im Napf ist, ist ein weiteres Streitthema. Dabei will ich gar nicht davon sprechen, wovon wir Katzen träumen. Es ist, so empfinde ich es, wichtig, dass ein Traum ein Traum bleibt, sonst wird er schnell zum Albtraum. Wenn ich täglich das bekäme, was ich gerne hätte, also zum Beispiel Sahne, würde ich das irgendwann nicht mehr mögen und es wäre kein Traum mehr von mir. Da genieße ich es, dass ich gelegentlich einen kleinen Schluck Sahne bekomme und träume weiter, wie es wohl wäre, hätte ich das öfter.

Wie meine Menschen das mit den (Sch)Leckereien handhaben, das finde ich in Ordnung. Genauso finde ich es gut! Eine Leckerei ist nämlich keine Leckerei mehr, wenn man sie ständig bekommt. Dann hängt sie einem irgendwann zum Hals raus.

Aber beim „normalen" Katzenessen könnte vieles entspannter ablaufen. Ich bekomme schon seit Jahren das gleiche Futter. Und was soll ich euch sagen, es macht mir nichts aus. Meistens zumindest schmeckt es mir sogar. Das es mir nicht schmeckt, kommt auch vor, wenn auch selten. Aber es kommt vor und dann ist Ärger Programm! Dabei wäre es ein Einfaches, darauf entsprechend zu reagieren. Zum Beispiel indem ich dann mal etwas anderes bekomme als das übliche. Vielleicht sogar etwas, was

die Menschen als ungesund bezeichnen würden. *Wenn ich nicht n u r das so genannte Ungesunde bekomme, ist das doch kein Problem, oder? Ich bin diesbezüglich sehr leicht zufrieden zu stellen.*

Manchmal empfinde ich meine Futtermenge als zu gering, manchmal ist es mir auch zu viel. Frauchen meint sowieso, dass weniger oft mehr ist ... Kann schon sein, dass sie da Recht hat. Ist ja auch egal. Es passt schon.

Ich will jetzt mal vom Katzenfutter im Allgemeinen sprechen, also nicht nur von mir selbst ausgehen. Da liegt einiges im Argen. Und damit meine ich nicht den Inhalt, sondern auch wieder die Art und Weise des Umgangs damit. Die Menschen können wohl nicht anders, als aus allem eine große Geschichte zu machen. Katzen sind ganz „easy" zu füttern. Schaut euch doch mal um, wie es unsere Schwestern und Brüder draußen machen: Maus gefangen, Maus gegessen, fertig. Bis zur nächsten Mahlzeit. Und dann das ganze wieder von vorn. Es ist nicht unsere Natur, wählerisch oder mäkelig zu sein. Wenn wir das tun, ist es ein Hinweis auf ein Fehlverhalten beim Menschen. Oder es ist ein Hinweis darauf, dass es uns nicht gut geht. Es kann auch ein Hinweis darauf sein, dass wir uns langweilen. Der Mensch soll sich weder zu viel, noch zu wenig Gedanken um unser Essen machen. Zuwenig ist nicht gut, doch zuviel scheint mir noch weniger gut zu sein.

Ich genieße es in einer entspannten Atmosphäre zu essen. Ich genieße es in Ruhe und Gelassenheit zu essen. Und ich genieße es auch, wenn das Essen zu einem etwas aufregenderen Ritual wird. Wir Katzen lieben Aufregung im positiven Sinn. Und was könnte weniger aufregend sein, als wenn einem ein gefüllter Napf vor die Nase gestellt wird? Das ist ein Teil der Fütterung, der überhaupt nicht beachtet wird. Schaut durchaus auf den Inhalt des Napfes, aber bitte, bitte, achtet auch darauf, dass das Essen für uns zu einer katzengerechten Aktion *wird. Mit dem Essen zu spielen **m a c h t** Spaß und sollte unbedingt erlaubt werden.*

Wenn wir nicht essen wollen, gibt es immer einen Grund. Das muss aber nicht immer ein schlimmer Grund sein. Manchmal mögen wir einfach nicht. Manchmal mögen wir auch das Futter nicht. Manchmal können wir nicht, weil wir krank sind. Es ist euer Teil herauszufinden, was davon zutrifft. Dennoch kann ich sagen, dass sich die meisten Menschen viel zu viele Gedanken machen, was das Essen angeht. Komischerweise machen sie sich diese Gedanken nicht um ihr eigenes Essen ... Das finde ich wiederum seltsam. Werdet also ein bisschen lockerer bei diesem Thema. Bereitet euch gut vor und lernt, was wir gerne essen wollen und auch sollen, denn wollen und sollen weichen oft voneinander ab. Wir sind wie Kinder, wenn man es uns durchgehen lässt, essen wir am liebsten Schokolade oder das, was für uns so lecker schmeckt wie für euch Schokolade. (Anmerkung: Niemals Schokolade an Katzen und Hunde verfüttern!) *Ihr müsst schon auch auf uns aufpassen. Denn tut ihr das nicht, übernehmen wir das Kommando in der Futterküche. Nicht, dass ich das schlecht finde, aber so kann jede Katze zu einem kleinen Tyrannen werden.*

Sehr spannend, was Feli da erzählt hat. Aber wie ich **d a s** umsetzen soll, weiß ich beim besten Willen nicht. Ich denke dies ist ein Fall für einen Kompromiss zwischen Mensch und Katze(n). Wie dieser Kompromiss aussehen kann, muss wohl jeder für sich selbst herausfinden.

Tipp:

Versuchen sie experimentierfreudig zu sein bei der Fütterung ihrer Katze. Und eignen sie sich ein wenig katzenübliche Hartnäckigkeit an. Bieten Sie Ihrer Katze nicht sofort etwas anderes an, wenn diese ein dargereichtes Futter nicht zu akzeptieren scheint. Geben Sie ihr Zeit, ihr Misstrauen gegenüber dem neuen, unbekanntem Futter zu überwinden und vielleicht gar zu erkennen, dass es gar nicht so übel schmeckt. Gestalten Sie den Futterplan Ihrer Katze abwechslungsreich, ohne dass das aber in Stress ausarten muss. Essen darf nicht nur, Essen soll sogar Spaß machen. Neben gesunden Zutaten darf immer auch etwas im Futter enthalten sein, das den Faktor Freude erfüllt. Beispielsweise bekommen meine Katzen, natürlich nur wenn sie möchten, auch von unseren Mahlzeiten etwas ab. Da mein Mann und ich uns nach dem Prinzip „gesund **u n d** lecker" ernähren, bin ich davon überzeugt, dass es den Katzen nicht schadet, wenn sie daran teilhaben. Zu stur und gewissenhaft zu sein bringt auch beim Thema Ernährung nicht viel. Etwas vermeintlich Ungesundes wird ja hauptsächlich dadurch ungesund, wenn es in zu großen Mengen und zu oft verzehrt wird. Ein Stück Schokolade pro Tag schadet keinem Menschen (der Katze aber schon!). Also gönnen Sie Ihrer Katze die Abwechslung und die Freude beim Essen, so dass das Essen zu einer Freude werden kann!

Katzen und die Qualität ihrer Nahrung

Von Kindern behauptet man, dass es ihnen egal ist, was sie essen, Hauptsache es schmeckt gut! Dieser Wunsch nach wohlschmeckenden Speisen, der natürlich nicht nur bei Kindern vorhanden ist, hat dazu geführt, dass der „gute Geschmack" in vielen Nahrungsmitteln mittlerweile so manipuliert wird, dass sie zwar lecker schmecken, die Inhaltsstoffe jedoch alles andere als gesund sind.

Der Mensch möchte Freude haben beim und am Essen und ist doch kaum noch in der Lage, wertvolle und wertlose Nahrung voneinander zu unterscheiden. Mit Nahrung meine ich an dieser Stelle hauptsächlich Fertiggerichte oder zum Beispiel auch Fertigbackwaren.

Da sehr viele Katzen ausschließlich mit Fertignahrung ernährt werden, sei es Dosen- oder Trockenfutter, interessiert es mich sehr, ob sie in der Lage sind, wahrzunehmen, welche Qualität das vorgesetzte Futter hat. Außerdem wäre es auch interessant zu wissen, wie wichtig den Katzen eine gute Zusammensetzung ihres Futters ist.

FELI:

Die Antwort auf deine Frage lautet: Ja, wir können. Und sie lautet: Nein, wir können nicht.

Ich möchte euch erzählen, wie es mir mit meinem Essen geht. Ihr könnt davon ausgehen, dass es vielen anderen Katzen ebenso geht wie mir.

Ich schaue nicht nur mit den äußeren Sinnen auf mein Futter, sondern versuche, alle Sinne zum Einsatz kommen zu lassen. Es geschieht fast automatisch. Für menschliche Augen ist es gar nicht wahrzunehmen, was da in Bruchteilen von Sekunden geschieht. Wenn ich an meinen Napf gerufen werde, bin ich immer froh gestimmt. Das ist schon mal eine gute Voraussetzung damit das Essen gut schmeckt und auch gut bekommt. Das alleine erhöht

bereits die Qualität des Essens, egal wie gut oder wie schlecht sie auch sein mag. Zudem müsst ihr wissen, dass es unterschiedliche gute und schlechte Qualitäten gibt, je nachdem von welchem Wissenstand und von welcher Einstellung aus man auf das Essen schaut.

Der wissenschaftliche Blick ist mir und allen anderen Katzen fremd. Weder wissen wir, noch spüren oder erkennen wir, ob in unserem Futter alle benötigten Bestandteile enthalten sind, die wir – laut wissenschaftlichen Erkenntnissen – benötigen.

Qualität bedeutet für mich, dass das Essen gut riecht, dass es gut leuchtet und dass es gut schmeckt. All das kann ich wohl wahrnehmen. Einige meiner Sinne, die das erkennen können, kann ich allerdings auch ausschalten, zum Beispiel wenn der Geruch des Futters besonders ist, selbst wenn das Leuchten mal fehlt.

Der Begriff „leuchten" ist euch fremd, das spüre ich an der Reaktion meines Frauchens. Doch das Leuchten ist eine für jedes Lebewesen wichtige Qualität. Dennoch könnt ihr dieses Leuchten weder sehen, noch riechen, noch schmecken. Derjenige, der gut entwickelte Sinne hat, kann es sicher leichter wahrnehmen, als jemand, der seine inneren Sinne nicht oder nur selten gebraucht. Dieses Leuchten ist zum Beispiel bei verdorbenem Essen kaum noch vorhanden und zeigt dadurch auf, dass es ungenießbar ist und nicht gut tun wird, sollte man es dennoch essen. Dieses Leuchten ist sehr hell wahrnehmbar, je frischer und qualitativ hochwertiger ein Futter ist. Auch wenn das vielleicht für euch jetzt nicht so angenehm zu lesen ist, aber ihr sollt es doch besser verstehen dürfen, deshalb an dieser Stelle ein Beispiel dazu: Fange ich eine Maus und esse sie gleich auf, so ist das für mich ein gutes Mahl. Ich kann die Qualität dieser Mahlzeit nicht nur schmecken, sondern diese auch mit allen anderen Sinnen wahrnehmen. So ein Essen tut mir gut.

Liegt die Maus schon drei Wochen tot im Gebüsch, dann wird sie keine Katze mehr anrühren, weil sie für uns jetzt keine Bedeutung mehr hat. Wir brauchen nicht nur frisches, sondern vor allem auch „hell leuchtendes" Essen.

Doch, wie ich schon angedeutet habe, können unsere Sinne durchaus überlistet werden. Nicht durch die Maus, aber durch Futter, das uns von Menschenhand angeboten wird. Da gibt es Futter, das schmeckt wirklich gut und doch könnte ich, wenn ich wollte, erkennen, dass es eben weder gut ist noch gut wirkt – weil es nämlich nicht mehr leuchtet. Doch ich gebe zu, dass ich von Zeit zu Zeit auf solche Leckereien stehe und in solchen Momenten einfach meine inneren Sinne beiseite schiebe.
Viele Katzen verzichten bewusst darauf – was ihr Futter betrifft – auf ihre inneren Sinne zu achten. Das hat aber auch seinen guten Grund. Wenn es ums Überleben geht, müssen neue Regeln aufgestellt werden. Diese lauten unter anderem, dass das wichtig ist, was das Weiterleben sichert. Es ist jedem bekannt, dass viele von meinen Katzenschwestern und -brüdern auf das angewiesen sind, was ihnen von Menschen gereicht wird. Dies nicht zu essen würde an Dummheit grenzen. Es ist das kleinere von zwei Übeln.

Aber ein jeder handelt so. Wenn ihr selbst für euch nicht die Möglichkeit oder die Mittel habt, gute und wertvolle Nahrungsmittel zu kaufen, so werdet ihr dennoch nicht auf Essen verzichten wollen, sondern einen Kompromiss eingehen. Als genau solchen dürft ihr es betrachten, wenn viele von uns Katzen schlechtes Futter (Anmerkung: nicht im Sinn von verdorben, sondern von qualitativ minderwertig) essen, was allemal besser ist, als gar keines. So kann es kommen, dass wir unsere Sinne, die uns sagen was gut leuchtet und was nicht, nicht mehr benutzen wollen oder oft auch nicht mehr können, denn jeder Sinn stumpft irgendwann ab, wird er nicht benutzt.

Was Feli, aus meiner Sicht, verschwiegen hat, ist, dass auch das gute und hell leuchtende Futter (was für ein schöner Begriff) an manchen Tagen nicht gegessen wird. Aus ihren Worten glaube ich heraus zu lesen, dass das aber nicht an der mangelnden Qualität des Futters liegt, sondern vielmehr daran, dass man nicht immer das Essen mag, das einem vorgesetzt wird, egal wie gut es auch sein mag.

Ich möchte auch noch anmerken, dass sich bitte niemand durch die Worte von Feli gemaßregelt fühlen möchte. Dadurch, dass ich diese Aussagen aufschreibe, möchte ich niemanden kritisieren, der seine Katze mit vermeintlich qualitativ minderwertigem Futter ernährt. Es ist mein Wunsch, dass jeder die Sichtweise einer Katze zu diesem Thema wahrnehmen möge. Damit wird die Möglichkeit gegeben, eine neue Sichtweise zu erfahren. Ich bin sicher, dass Feli niemandem zu nahe treten wollte.

Tipp:

Versuchen Sie selbst mit Ihren inneren Sinnen zu erspüren, welches Lebensmittel sich gut anfühlt und welches nicht. Nehmen Sie dazu am besten einen frischen und einen verschrumpelten Apfel (auch jede andere Obstsorte ist möglich), betrachten Sie beide von außen, riechen Sie daran, fühlen Sie daran. Dann schließen Sie die Augen und versuchen zu spüren wie hell oder weniger hell der eine und der andere Apfel leuchtet. Dazu müssen Sie den Apfel noch nicht einmal in die Hand nehmen. Sie können die Augen schließen und jemanden bitten, erst den einen, dann den anderen Apfel vor Sie hinzulegen. Während der jeweilige Apfel vor Ihnen liegt, versuchen Sie zu fühlen, welche Qualität der Apfel ausstrahlt. Und dann öffnen Sie die Augen und freuen sich, dass Ihre inneren Sinne noch funktionieren. Vielleicht erkennen Sie aber auch, dass sie es nicht (mehr) tun.

In letzterem Fall heißt es dann üben, üben, üben. Bleiben Sie am Ball bzw. am Apfel und lernen Sie auf diese Weise wieder auf Ihr inneres Gefühl zu hören. Gerne können Sie daraus auch ein Spiel für die ganze Familie machen.

Die energetische Verbesserung der Katzennahrung

Nachdem Feli darüber aufgeklärt hat, dass bei qualitativ nicht so gutem Futter das „Leuchten" fehlen kann, interessiert mich jetzt natürlich, ob es eine Möglichkeit gibt, eine solche Mahlzeit auf energetischem Weg aufzuwerten. Dies soll selbstverständlich nicht dazu führen, dass ein jeder seiner Katze/seinem Tier nun nur noch minderwertiges Futter vorsetzt und es energetisch aufwertet. Diese Frage stelle ich vielmehr im Zusammenhang mit den vielen Katzen, die vielleicht schon gar nichts anderes mehr essen wollen als Fast Food für Katzen, egal von welchem Hersteller und egal ob trocken oder nass. Vorrangig sollte es natürlich immer darum gehen, der Katze/dem Tier ein Futter anzubieten, das von hoher Qualität und Frische ist. Aber mit Sicherheit könnte es dem Menschen und der Katze helfen, wenn man weiß, wie auch eine nicht optimale Mahlzeit mit ein wenig „Leuchtkraft" versehen werden kann.

FELI:

Ihr könnt alles verbessern, nicht nur das Futter der Katze. Ihr müsst wissen, dass alles was ist, durch die Art und Weise wie ihr es seht, verändert werden kann. Ihr könnt eine Sache verbessern, aber auch verschlechtern. Wenn ihr davon ausgeht, dass etwas gut ist, dann kann alleine dieser positive Gedanke das schon aufwerten. Es wird dadurch zwar nicht wirklich gut, wenn es sich dabei zum Beispiel um ganz minderwertiges Futter handelt, aber es wird immerhin ein wenig besser.

Der Mensch kann durch seine Gedanken den Dingen eine gute oder eine nicht so gute Richtung geben, dies jedoch nur dann, wenn der Gedanke auch ein Gefühl ist. Also nicht, wenn ihr etwas zwar denkt, es im Herzen aber nicht fühlt oder gar für Blödsinn haltet. Energie lässt sich nicht überlisten. Entweder ihr glaubt an das, was ihr tut, egal was es ist oder ihr glaubt nicht daran. Glaubt ihr

nicht daran, dann nützt euch auch ein positiver Gedanke nichts.

So könnt ihr mit allem umgehen, was euch umgibt, nicht nur mit dem Futter – mit allem.

Bei Menschenfutter ist es übrigens das gleiche, aber jetzt und hier geht es ja um Katzenfutter.

Mein Mensch segnet unser Essen und gibt ihm somit einen sehr, sehr guten Impuls. Segnen bedeutet auch, etwas aufzuwerten. Segnen bedeutet, einer Sache eine positive Richtung zu geben. So kann Essen durch einen äußerlich oder innerlich ausgesprochenen Segen immer verbessert und aufgewertet werden.

Es gibt einiges was ihr Menschen tun könnt, damit die Dinge, mit denen ihr euch umgebt, positiv auf euch wirken können. Es ist dies zum Beispiel der liebevolle Blick auf etwas, was in euren Augen scheinbar unvollkommen ist. Schaut ihr mit den Augen der Liebe darauf, wird es vollkommen(er) und gewinnt an Kraft. Ich könnte auch sagen, dass ihr in allem nur das Gute sehen solltet und es wird gut.

Was nicht gut tut ist zum Beispiel Kritik, egal ob negativ oder positiv. Der liebevolle Blick auf etwas, kritisiert nicht, sondern zeigt Demut und Annahme dessen, was er sieht. Macht ihr durch Kritik etwas gut oder schlecht, wollt ihr es auf eine Weise verändern, so dass ihr es annehmen könnt. Schaut ihr jedoch mit Liebe auf ein Ding, dann nehmt ihr es an und lasst ihm die ganz eigene innere Kraft. Gleichzeitig lasst ihr zu, dass das vollständige Potenzial dieser Sache zum Vorschein kommen kann.

Zurück zum Futter, um das es bei dieser Frage ja eigentlich geht. Minderwertiges Katzenfutter wird inhaltlich nicht besser, wenn ihr es segnet oder mit positivem Blick darauf schaut. Aber es kann dadurch dennoch positiv(er) auf eure Katze wirken.

So bitte ich euch um zweierlei: Bedenkt das Essen eurer Katze mit guten Gedanken, die ihr innerlich aber auch spüren solltet. Schaut voller Liebe auf den Vorgang des Fütterns und auf das Futter selbst. Macht euch klar, dass eure Katze damit die Energie aufnimmt, die sie braucht, um ein freudvolles und gesundes Leben führen zu können. Vielleicht bekommt ihr nach einiger Zeit den Impuls, dass ihr eurer Katze lieber ein anderes Futter geben möchtet? Vielleicht werdet ihr selbst so sensibilisiert, dass ihr anfangt, euer eigenes Futter/Essen umzustellen? Seid euch in jedem Moment der Fütterung bewusst, dass eure Katze weiß, was sie aufnimmt. Sie weiß es und weil sie es weiß, versucht sie für sich das Beste daraus zu machen. Was immer ihr esst, was immer eure Katze isst, ihr nehmt das auf, was ihr glaubt aufzunehmen. Der Gedanke kann viel Kraft haben. Am meisten Kraft hat jedoch der Gedanke, der auch im Herzen gefühlt wird. Und nur der positive Gedanke wird wirken, der nicht manipulieren möchte. Spart weder an gutem Futter, wenn ihr es euch leisten könnt, noch spart an guten Gedanken, denn gute Gedanken und Gefühle kann sich jeder leisten!

Es ist genauso, wie Feli beschrieben hat. Irgendwann habe ich angefangen, das Essen und das Wasser unserer Katzen zu segnen. Dabei habe ich bemerkt, dass sie es mit noch mehr Freude auf- und annehmen. Und wissen Sie was das Wunderbare daran ist? Diese Handlung wertet nicht nur das Futter und Wasser auf, es bringt demjenigen, der es tut, ebenfalls sehr viel Energie!

Tipp:

Versuchen Sie es doch auch einmal mit dem Segnen des Futters ihrer Katze. Halten Sie dazu beide Hände über den mit Futter oder Wasser gefüllten Napf und sprechen laut oder in Gedanken die folgenden Worte: „Ich segne dieses Futter/Wasser mit Liebe und wünsche, dass nur heilvolle Impulse von ihm ausgehen. Möge es Heil, Gesundheit, Kraft und Lebensfreude spenden."
Auch der ausgesprochene Dank dafür, dass wir sowohl für uns, als auch für unsere Katzen/Tiere genug Nahrung haben, zeugt von Anerkennung und Respekt gegenüber denjenigen, die dafür gearbeitet und vielleicht sogar ihr Leben gegeben haben. So ist ein Dankgebet vor jeder Mahlzeit/Fütterung eine Geste der Liebe an diejenigen, die es ermöglicht haben, dass wir und unsere Tiere satt werden. Gleichzeitig können wir für diejenigen beten und bitten, die nicht genug zu essen haben.

Ernährung und Gesundheit

Katzen und Krankheiten

Die Krankheiten und Symptome, die ein Mensch bekommt, zeigen seine ganz individuellen „Lebensfehler" bzw. „Lebensthemen" auf. Das ist meine ganz persönliche Sichtweise und damit stehe ich schon lange nicht mehr alleine da. Keine Krankheit kommt ohne Grund einfach nur so „angeflogen". Bevor sich eine Krankheit zeigt, ist schon viel geschehen im Leben des Betroffenen.

Bei den Tieren ist es ähnlich, aber doch auch anders. Tiere können ähnliche oder gar die gleichen Krankheiten wie ihre Menschen bekommen. Dass der Mensch und sein Tier die gleichen Symptome aufzeigen, kommt gar nicht so selten vor. Ein ebenfalls häufig auftretendes „Phänomen" ist, dass Tiere mit den Krankheiten, die sie bekommen, ihre Menschen und deren Lebensthemen spiegeln. Tiere, als Bestandteil des „Familiensystems", helfen – genau wie die Kinder einer Familie – verborgene Themen und Probleme, die tief vergraben sein können, aufzuzeigen.

An dieser Stelle möchte ich erfahren, was Katzen mit den Erkrankungen, die sie bekommen können, dem Menschen signalisieren wollen. Und natürlich interessiert mich, was Feli zum Thema Krankheit im Allgemeinen zu sagen hat.

FELI:

Krankheit wird von den Menschen als etwas empfunden, was nicht in Ordnung ist, so wie ein schmutziges Fenster, durch das ihr nicht mehr deutlich sehen könnt. Doch all das ist Ansichtssache. Das Fenster mag schmutzig geworden sein, weil das Haus an einer viel befahrenen Straße steht und sehr viele Schmutzpartikel durch die Luft fliegen. In diesem Fall ist es wichtig, das Fenster oft zu putzen, damit der Schmutzfilm nicht so stark wird, dass ihr ihn gar nicht mehr entfernen könnt beim Putzen. Vielleicht ist das Fenster aber auch schmutzig geworden,

weil es lange nicht geregnet hat und dadurch die Erde in eurem Garten trocken geworden ist und nun bei jedem Luftzug aufgewirbelt wird. In jedem Fall habt ihr dem Fenster über einen langen Zeitraum keine Aufmerksamkeit geschenkt, so dass sich im Laufe der Zeit sehr viel auf ihm ablagern konnte.

Mein Beispiel mag hier und da hinken, aber mit Krankheiten ist es ähnlich. Ich beginne erst einmal mit dem „krank sein" des Menschen. Krankheiten haben Gründe. Sie kommen nicht daher geschlendert und befallen wahllos einen Menschen. Jeder Mensch hat die Krankheit, die zu ihm, zu seiner Lebenssituation und seinem Leben zu passen scheint, ob er das so will oder nicht, ob er das versteht oder nicht, ob er das annehmen kann oder nicht. Der Mensch kann krank werden, weil er nicht gut genug auf sich aufgepasst hat oder weil er nicht gut genug zu sich war oder weil er sich nicht genug geliebt hat oder weil es Schmerzen in seinem Leben gibt, die tief verborgen in ihm ruhen. Vielleicht hat er sich auch nicht wichtig genug genommen. Oder er nahm sich zu wichtig. Wie bei dem Beispiel mit dem Fenster, kann es auch dem Menschen passieren, dass er mit sehr vielen Dingen konfrontiert wird, die ihm nicht gut tun, wie dies z. B. durch zu viel Lärm geschehen kann oder durch verschmutzte Luft.

Genauso wie dem Menschen, kann es auch dem Tier ergehen. Hier jedoch gibt es einen Unterschied zum Menschen. Das Tier kann oft dem nicht entgehen, was mit ihm geschieht. Es kann nicht selbst wählen, welches Futter es vorgesetzt bekommt. Es isst das, was es in seinem Napf vorfindet – oder auch nicht. Es lebt an dem Ort, an dem sein Mensch lebt und kann dort, wie der Mensch auch, widrigen Umweltbedingungen ausgesetzt sein. Ich will hier nicht anklagen, denn das Tier, das eng mit seinem Menschen verbunden ist, möchte bei seinem Menschen sein. Es will ja genau dorthin. Das Tier liebt seinen

Menschen, auch wenn dieser ihm vielleicht ein Futter anbietet, das ihm überhaupt nicht bekommt. Darum geht es hier aber gar nicht. Mir geht es erst einmal darum, ein wenig verständlicher zu machen, warum ein Lebewesen, egal ob Mensch oder Tier, krank werden kann. Die äußeren Umstände, die Krankheiten auszulösen vermögen, sind jedoch nur ein kleiner Teil dessen, was zu einer Krankheit führen kann. Ein anderer, sehr viel wichtigerer Aspekt ist der, wie das Leben gelebt wird.

Vielleicht vermögt ihr gerade zu erkennen, dass dieser Anteil hauptsächlich den Menschen betrifft. Das Tier lebt ja immer mit seinem Menschen, egal welche Lebensumstände dieser bietet. Natürlich kann ein Tier seinen Menschen auch verlassen, wenn es mit den Gegebenheiten nicht klar kommt, doch dies geschieht eher selten. Der Mensch aber hat – wenn die Lebensumstände es zulassen – sein Leben in der Hand. Und damit hat er es in der Hand, wie er mit sich und anderen umgeht. Er hat es in der Hand, was er aus seinem Leben macht. Er hat es in der Hand, ob er an einem schönen oder an einem weniger schönen Ort lebt. Er entscheidet, ob er seine Berufung, sein Potenzial, lebt oder nicht. Der Mensch ist derjenige, der die Wahl hat, ob er auf seine innere Stimme hört oder ob er ein Leben lebt, das nicht das seine ist.

Die Tiere, die eng an des Menschen Seite gehen, sind immer und jederzeit mit ihrer inneren Stimme verbunden. Wir können gar nicht anders, als dies zu sein. Wir hören sie ständig und versuchen ihr im Rahmen dessen, was uns möglich ist, zu folgen. Der Mensch jedoch vermag seine innere Stimme zu ignorieren. Und genau das ist es, was zu dem führen kann, was Krankheit genannt wird. Denn wenn die Seele nicht mehr gehört wird und der dazugehörige Mensch nicht mehr das tut, was diese eigentlich möchte, muss der Körper irgendwann darauf eine Antwort geben. Das ist, als würdet ihr in einer Erde, die für den Anbau von Kartoffeln gedacht ist, Orchideen

pflanzen. Die Orchideen werden nicht gedeihen und zeigen damit deutlich, dass etwas nicht stimmt. Nun kann der verwirrte Gärtner versuchen, die Orchideen zu „behandeln", doch deren „Gesundung" wird ihm nur schwer gelingen, denn die Orchidee braucht andere Bedingungen als die Kartoffel. Wenn in der Erde die Pflanzen wachsen dürfen, für die die Erde gedacht ist, werden diese Pflanzen ganz wunderbar gedeihen! Dies gilt im gleichen Maß für jedes Lebewesen: Wenn es das tut bzw. tun kann, wofür es vorgesehen ist, wird sein Leben reich sein an Freude und gleichzeitig arm oder ärmer an Krankheit. Dass den Tieren oft nicht möglich ist, so zu leben, wie sie es am liebsten hätten, wird sicher verständlich geworden sein. Dennoch versuchen Tiere auch noch unter ungünstigen Bedingungen ihr Leben und ihre Themen zu leben.

Uns Katzen gelingt es sehr, sehr oft, zum Beispiel in engen Räumen ein Klima von Weite und Freiheit zu schaffen. Wir können Freude entstehen lassen, indem wir zum Beispiel ein kleines Zimmer zu einem Spielplatz umfunktionieren. Uns kann jede kleinste Handlung zum Spiel werden. Und nicht selten versuchen wir, dies dem Menschen zu vermitteln, nämlich Freude in jede seiner Handlungen zu bringen. Es gelingt leider nicht immer.
Ihr müsst nun aber nicht denken, dass wir Tiere euch ausgeliefert sind. Letztendlich fühlen wir uns immer frei in unseren Handlungen, auch wenn das vielleicht merkwürdig klingen mag.

Um auf das zurückzukommen, was Krankheit genannt wird: Ich war auch schon krank. Und nicht nur einmal. Es gab eine Zeit, da war ich so verzweifelt, dass mein Körper dies in einer schweren Krankheit zum Ausdruck brachte. Ich zerfloss innerlich und äußerlich. (Anmerkung: Feli hatte damals einen heftigen Katzenschnupfen.) In mir war ein Kampf. Diesen Kampf, den mein Körper zum Ausdruck brachte, lebte ich im Außen. Ich lebte einen (Lebens)

Kampf, einen Überlebenskampf. Ich hatte kein Ziel, kein Heim, ich fühlte mich verloren und allein. Ich „weinte" mit allen Fasern meines Körpers. Ich gab mich diesem Gefühl ganz hin und ging sehr darin auf. Man könnte sogar sagen, ich verlor mich ein wenig darin. Es war, als sei alles aus mir heraus geflossen, was ich besaß. Ich gab sehr viel von mir im Verlauf dieser Krankheit. Aber durch diese innere „Bearbeitung" meines (Lebens)Bodens, durch dieses ganz und gar „sich einlassen", durch dieses „nichts zurückhalten" wurde ich gesehen und so konnte es möglich werden, dass ich sehr viel von dem zurückbekam, was ich verloren hatte. Was ich damals aufzeigen wollte war hauptsächlich Verlust. Ich hatte (jemanden/etwas) verloren und fühlte mich verloren. Indem ich mich diesem Verlorensein hingab, konnte ich mich „befreien" und so letztendlich gefunden werden. Ich gab mich sehr hin, doch nie gab ich mich völlig auf. Ich zerfloss nie ganz, sondern war bereit, sowohl im Innen als auch im Außen zu suchen. Diese Bereitschaft machte es möglich, dass mein Leben eine neue Richtung nehmen konnte und wieder in einen gesunden Fluss kam.
Es macht mich heute noch sehr dankbar, dass ich Hilfe auf allen Ebenen bekam, um wieder zu mir kommen zu können.

Dies war meine erste Erfahrung mit dem Thema Krankheit, doch nicht meine letzte. Ich will jetzt nicht sagen, dass das gut so ist. Aber es gehört zum Leben, dass jedes Wesen mit Ereignissen konfrontiert wird, die es aus der Bahn werfen können. Und dann gilt es zu reagieren. Eine Krankheit zu bekommen, ist eine Form der Reaktion. Was darauf hindeuten kann, dass vielleicht zu lange gewartet wurde. Oder auch, dass man den Blinker falsch gesetzt hat. Jede vermeintliche „Fehl"-Reaktion kann aber wieder gerade gerückt werden. Ich will damit sagen, dass man aus allem, wirklich aus allem, etwas machen kann. Wenn euch nichts aus der Ruhe (aus der Mitte) bringen

kann, werdet ihr vermutlich nicht schwer krank werden oder ganz ruhig und angemessen damit umgehen. Das wünsche ich euch auf jeden Fall. Andererseits gehört Krankheit zum Leben dazu und macht oft Entwicklung erst möglich. Obwohl es natürlich auch möglich ist, sich in (der) Ruhe weiter zu entwickeln. Na ja, viele Wege können ans Ziel führen.

Jedes Lebewesen kann bestimmte Krankheiten hervorbringen, die etwas aussagen, was nur ihm eigen ist. Selbst wenn Lebewesen die gleiche Krankheit haben, so können sie doch unterschiedliche Themen ausdrücken. Je mehr ein Lebewesen in seiner Mitte ist oder versucht in seiner Mitte zu bleiben oder in diese zurückzufinden, desto besser wird es ihm gelingen zu seiner Gesundheit zu finden.

Ich möchte euch jetzt noch etwas anderes über Krankheit erzählen, nämlich etwas, das euch vielleicht erstaunen wird, das aber trotzdem der Wahrheit entspricht. Wir Katzen, und da spreche ich jetzt auch für alle anderen Tiere, die den Menschen in Liebe begleiten, können ganz hervorragend mit Krankheit umgehen. Wir sehen uns nicht als Opfer von Krankheit. Wir nehmen sie an und versuchen den negativen Aspekt der Krankheit zu wandeln. Wie ist das zu verstehen? Ihr habt bereits gelesen, dass Krankheit das Ergebnis von etwas ist – mag das ein „Fehlverhalten" sein, mag das ein unterdrücktes Gefühl sein, mag das eine Lebensform sein, die nicht zu einem Lebewesen passt. Aber: Das, was eine Krankheit auszulösen vermag, ist nicht das, was die Krankheit verursacht. Sucht bitte nicht alleine nach dem, was die Krankheit auslöst, denn damit bleibt ihr an der Oberfläche! Ganz vieles auf dieser Welt kann krank machen. Jeder hat seine eigene Form von Krankheitsentstehung. So wie auch jeder seine eigene Krankheit hat: Der eine hat es am Magen, der andere an der Lunge u. s. w. ...

Dahinter stehen Lebensthemen, die sichtbar werden wollen, weil sie anders nicht erkannt werden. Katzen und alle anderen Tiere haben nicht wirklich ein Problem damit, wenn sie krank werden. Wir versuchen immer, die Krankheit anzunehmen, was oft schon der erste Schritt zur Heilung sein kann. Wir möchten nicht, dass die Menschen unter den Krankheiten, die wir bekommen, leiden. Vielmehr ist es unser Wunsch, dass der Mensch erkennen möge, was die Krankheit zu bedeuten hat. Der Mensch wiederum will nicht, dass sein Tier leidet, und ist bestrebt, dass sein Tier so schnell wie möglich wieder gesund wird. Dies, liebe Menschen, kann aber nur dann möglich werden, wenn ihr die Krankheit so betrachtet, wie es ihr gebührt. Nicht nur ihr wollt verstanden werden, auch die Krankheit, die ihr bekommt, oder die wir bekommen, will das! Sie will nicht zum Verschwinden gebracht werden. Sie will heilen dürfen. Und mit ihr will das heilen, was in uns und in euch und eurem Leben nicht in Ordnung ist!

Ganz besonders wichtig von allem, was Feli hier zum Thema Krankheiten gesagt hat, finde ich, dass jeder seinen ganz eigenen Blick auf das richten sollte, was sich ihm als Krankheit zeigt, denn Krankheit ist natürlich auch wieder ein ganz individueller Ausdruck eines Individuums. Wenn der Mensch, entweder bei seiner eigenen Krankheit und natürlich auch bei der Krankheit seines Tieres, immer nur auf das schaut, was sich an der Oberfläche zeigt, wird auch nur an der Oberfläche etwas geschehen. Vielmehr gilt es, das zu erkennen, was zum Ausbruch und Ausdruck der Krankheit geführt haben mag und dies dann versuchen zu verwandeln. Nur die Veränderung vermag Veränderung herbeizuführen. Wenn der Umgang mit einer Krankheit lediglich darin besteht, an den Krankheitssymptomen zu „arbeiten", der Blick jedoch nicht gleichzeitig in tiefere Regionen des eigenen Lebens gerichtet wird – d. h. wenn nichts

am eigenen Verhalten, an der eigenen Sichtweise und an der Lebensform verändert wird und alles genauso bleibt, wie es immer war – kann auch die Krankheit nicht wirklich gehen. Oder anders ausgedrückt: Wenn sich nichts ändert, wird sich nichts ändern. Die Krankheit wird dann vermutlich nur ihr Erscheinungsbild oder den Ort, an dem sie sich zeigt, verändern.

Aus meinen Worten können Sie entnehmen, dass ich ein Mensch bin, der sich beruflich sehr oft mit dem Thema Krankheit auseinandersetzen muss. All das, was Feli zu diesem Thema mit klugen Worten beschrieben hat, konnte ich in meiner Praxis schon sehr oft erleben, besonders auch, dass das Tier mit seiner Krankheit Themen des Menschen zum Ausdruck bringen kann (nicht muss, denn natürlich hat das Tier auch ganz eigene Themen, die es mit ins Leben bringt).
So hat sich in mir das „Wissen" entwickelt, dass eine Krankheit nur dann wirklich geheilt werden kann, wenn der Mensch bereit ist, etwas an sich oder in seinem Leben zu verändern. Und weil ich das weiß, tut sich mir eine neue Frage auf, nämlich die, was Katzen sich im Krankheitsfall von ihren Menschen wünschen.

Tipp:

Ich empfinde es als besonders wichtig, wenn ich mich im Fall einer Krankheit jemandem an**VERTRAUEN** kann. Immerhin ist man, wenn man krank ist, besonders empfindsam, besonders verletzlich und besonders „verletzt".
Versuchen Sie zu erspüren, ob Sie und Ihre Katze Menschen (Tierärzte, Tierheilpraktiker) an ihrer Seite haben, denen sowohl Sie selbst als auch Ihre Katze Vertrauen entgegen bringen. Sich einem anderen im Zustand von Krankheit anzuvertrauen ist, wie dies das Wort „anvertrauen" zum Ausdruck bringt, eine Vertrauenssache. Gerade im Zustand der Schwäche und des

Unwohlseins braucht es Vertrauen und das Gefühl, dass einem ein anderer Mitgefühl entgegen bringt und auch wirklich versteht.

Achten Sie auch darauf, ob Ihrer Katze Respekt entgegengebracht wird beim Arzt oder ob sie angefasst und behandelt wird, als wäre sie austauschbar. Schauen Sie, ob Ihre Katze als Persönlichkeit, die sie ist, wahrgenommen wird. Wenn all das der Fall ist, sollte der Tierarztbesuch mit Ihrer Katze kein Problem darstellen. Dort, wo man wirklich gesehen wird – als der, der man ist – kann man auch erkannt werden. Dort, wo man als Individuum erkannt wird, kann vieles möglich werden, vor allem dann, wenn der Blick, der sich auf einen richtet, nicht nur von Kompetenz zeugt, sondern auch noch liebevoll, respektvoll, humorvoll und optimistisch ist! Optimismus und eine positive Sicht auf das Krankheitsgeschehen können sehr viel Kraft, auch Heilkraft, freisetzen.

Ernährung und Gesundheit

Katzen und der Umgang mit Krankheiten

Katzen sind leider meist nicht sehr kooperativ, was den Gang zum Tierarzt und die Behandlung einer Krankheit betrifft. Wieder einmal spreche ich aus eigener, ganz persönlicher Erfahrung. Ich weiß aber gleichzeitig, dass sehr viele Katzenhalter ähnliche Probleme haben, wenn es um die Behandlung ihrer kranken Katze geht. Es ist manchmal schwer zu erkennen, wann der rechte Zeitpunkt zum Eingreifen gekommen ist. Ich selbst versuche so oft es geht, meinen Katzen die Möglichkeit zu geben, aus eigener Kraft mit einem Symptom fertig zu werden, natürlich nur, sofern sie in guter Verfassung sind und das Symptom nicht zu schwerwiegend ist. Das ist das, womit meine Katzen gut umgehen können und worum sie mich in den meisten Fällen bitten.

Dagegen kann es auch vorkommen, dass eine Katze sofort signalisiert, dass sie mehr braucht als das, was ich ihr zur Unterstützung anbieten kann. Es gilt in jedem Fall immer ein wachsames Auge auf die kranke Katze zu haben um erkennen zu können, was sie braucht. Was immer auch die Katze signalisiert: Ganz wichtig finde ich, dass die kranke Katze **i m m e r** in alle Entscheidungen mit einbezogen werden sollte und wenn dies nur darin besteht, dass man sein Tier ausführlich darüber informiert, was und warum etwas mit ihm geschieht.

Ich bin sicher, dass Feli ihre ganz eigene Einstellung dazu hat. Immerhin ist es doch gerade sie, die mich diesbezüglich bisher oft an meine Grenzen gebracht hat.

FELI:

Ich erkläre es gerne immer wieder: Es gibt unter uns Katzen, wie unter euch Menschen auch, solche, die kein Problem damit haben, zum Arzt zu gehen und solche, die schon zu zittern beginnen, wenn sie nur daran denken. Natürlich kommt es auch darauf an, welche persönlichen Erfahrungen man mit Tierärzten gemacht hat. Meine Er-

fahrungen sind zwar nicht direkt schlecht, aber leider auch bei Weitem nicht gut. Ehrlich gesagt ist es doch so, dass eine Katze – dies gilt für alle anderen Tiere ganz genauso – nur wenig zu melden hat in der Tierarztpraxis. Kaum einer geht wirklich, also ich meine hier „wirklich", intensiv und vor allem auch auf Seelenebene, auf uns ein. Zumindest tun das nur ganz wenige. Und diese ganz Wenigen sind einfach zu wenig!

Mein Tierarzttrauma wurde ausgelöst, weil ich einfach nicht beachtet und ernst genommen wurde und das gar nicht mal aus reinem Desinteresse, sondern aus Zeit-mangel oder aus Stress.
Meine ersten Erfahrungen mit Tierärzten machte ich, als ich noch klein war. Ich kam mir sehr, sehr hilflos vor. Ich wurde nicht gefragt, sondern es wurde einfach etwas mit mir gemacht. Dass das mein Weltbild von Ärzten im Allgemeinen und Tierärzten im Besonderen nicht gerade in ein rosiges Licht hüllt, versteht ihr doch bestimmt, oder? Tatsächlich wird mir sogar ganz unwohl bei dem Gedanken, dass ich zu einem Tierarzt müsste. Zum Glück kann mir mein Frauchen diese Furcht abnehmen, indem Sie auf meine Gesundheit achtet und meine kleinen und großen Wehwehchen lindert. Doch bei vielen anderen Katzen, die die gleichen Ängste haben wie ich, ist das leider nicht immer möglich.

Ihr wollt nun wissen, warum wir Katzen uns oft so unein-sichtig zeigen, wenn wir zum Arzt sollen? Dazu kann ich euch einiges erzählen, muss aber auch wieder mal weit ausholen ...
Wir Katzen sind sehr freiheitsliebende Individuen. Die Freiheit, das zu tun, was wir tun wollen, ist uns enorm wichtig. Selbstverständlich können wir uns auch anpas-sen, tun dies aber nur, wenn es uns in den Kram passt. Wenn es nun sein sollte, dass wir krank werden oder es uns mal nicht so gut geht wie üblich, dann kommen

wir in einen vermeintlichen Zustand von Schwäche. Vermeintlich deshalb, weil wir nur körperlich schwach sind, unsere mentale Stärke aber in den meisten Fällen nach wie vor da ist. Ihr habt dann das Vergnügen, euch mit einer körperlich vielleicht geschwächten, mental aber nach wie vor starken Katze auseinandersetzen zu dürfen. Für mich sieht das dann manchmal so aus, als sei eure Meinung, es handele sich bei einer kranken Katze um ein Wesen, das keinen eigenen Willen mehr hat, was natürlich definitiv nicht stimmt. Wir sind meist innerlich genauso stark wie immer und werden uns stets auch zur Wehr setzen, wenn wir dies für angebracht halten. Selbst in Situationen größter körperlicher Schwäche ist uns dies möglich. Wir können, dank unserer inneren Stärke, alle Kräfte mobilisieren und uns euch entgegenstellen, solltet ihr anders handeln, als dies unser innerer Wunsch ist. Das kann mitunter richtig heftige Formen annehmen. Vielleicht hat dies der eine oder andere von euch schon mal erlebt.

Wie nun stellen wir Katzen, hier vertreten durch mich, Feli, uns im Falle einer Krankheit den Umgang des Menschen mit uns vor? An oberster Stelle steht der Wunsch, dass ihr uns nicht durch unnötige Hektik oder Hysterie in Angst und Schrecken versetzt. (Anmerkung: Im Fall einer lebensbedrohlichen akuten Situation, gilt es selbstverständlich immer umgehend und schnell zu handeln!!) Warum schaut ihr denn nicht erst einmal in Ruhe auf uns und das, was wir zu bieten haben? Warum habt ihr gleich so große Angst? Mir kommt es so vor, als hättet ihr ganz viel Angst vor etwas, das noch gar nicht da ist, ihr aber vor eurem inneren Auge schon seht. Es ist, als komme bei euch all das hoch, was in euch an versteckten und tief verborgenen Ängsten und Lebensproblemen vorhanden ist. Wäre es da nicht vielleicht um ein vielfaches wichtiger, ihr würdet euren Blick darauf richten, auf eure eigenen tief im Inneren liegenden Ängste?

Stattdessen versucht ihr alles zu tun, damit ihr diesen Ängsten und Problemen nicht mehr ausgesetzt seid. So viel ich mitbekommen habe, kommen diese aber immer wieder. Schon beim nächsten Symptom, das wir mit nach Hause bringen, kann alles wieder aufbrechen, was ihr so erfolgreich zu unterdrücken versucht.

Wisst ihr denn nicht, dass wir Überlebenskünstler sind, dass wir in uns die Anlage haben, wie ihr auch, uns selbst heilen zu können? Habt ihr denn gar kein Vertrauen zu uns und in uns?? Das ideale Verhalten aus Katzen- bzw. Felisicht wäre, wenn ihr eure Augen voller Vertrauen und Wohlwollen auf uns ruhen lasst und uns den (Heil)Impuls vermittelt, dass ihr an uns glaubt, denn der Glaube versetzt nicht nur Berge, sondern er gibt auch ganz viel innere Kraft!! Glaubt immer an uns! Glaubt immer an das, was wir euch zeigen. Denn wir geben alles, um euch etwas zu zeigen, was für euch wichtig ist! Wir vermögen das zu zeigen, was ihr sonst vielleicht nicht zu sehen in der Lage wärt.

Nachdem eure erste Reaktion auf eine vermeintliche Schwäche von uns, nun also euer wohlwollender und vertrauensvoller Blick ist, könnt ihr dann dazu übergehen, über das, was ihr wahrnehmt, nachzudenken. Überlegt, w a s wir zeigen wollen und w a s es für euch bedeutet. Vergesst dabei nicht zu überlegen, ob es nicht auch etwas für uns selbst zeigen soll. Lasst bitte sehr viel mehr als bisher, euer Inneres an unserem Krankheitsgeschehen teilhaben. Und haltet euch – wenn möglich – erst einmal zurück, was äußere Maßnahmen betrifft. Diese kommen noch früh genug dran!
(Anmerkung: Dies gilt, wie schon geschrieben, nicht für hochakute und lebensbedrohliche Momente! Im Zweifelsfall dann bitte immer SOFORT zum Tierarzt gehen.)

Mir kommt gerade die Idee, dass ihr mit uns in Gedanken an einen ruhigen Ort gehen könnt, wo wir, ihr und *eure Katze/euer Tier, uns in Ruhe niederlassen und tief durchatmen können. Danach kann ein jeder von uns in sich hören und darauf lauschen, was er vernimmt. Wenn wir von dieser inneren Reise zurück in die weltliche Realität kommen, werden wir vermutlich eine Ahnung davon haben, was zu tun ist. Ganz ehrlich, diese Reaktion auf Krankheit hört sich für mich einfach spitze an! Könntet ihr das annehmen und so handhaben, würde sich so manche Katze mit so manchem Symptom leichter tun – obwohl, das tun wir meist sowieso, zumindest zu Beginn, aber **i h r**, ihr tätet euch auf jeden Fall leichter. Vermutlich würdet ihr erkennen, dass ihr es seid, die einer Krankheit zusätzliche Schwere gebt.*

Ich spüre gerade in diesem Moment Unbehagen bei meinem Menschen, während sie diese Worte aufschreibt. Ich weiß auch warum, weil sie nämlich spürt, dass viele Menschen meine Aussagen vielleicht nicht annehmen können, weil sie dadurch ein Gefühl von vermeintlicher Schuld empfinden könnten. Dabei geht es gar nicht um Schuldzuweisung, sondern vielmehr darum, zu sehen, dass das, was ein Mensch tut, nicht nur auf ihn selbst, sondern auch auf das Tier zurückfällt. Das ist nun mal so. Eigentlich ist das ja sogar ein Naturgesetz. Alles, was ein Lebewesen tut, bestimmt die Energie, die es umgibt. Jeder der sich innerhalb dieser Energie aufhält, wird davon etwas abbekommen. Dennoch kann jedes Wesen entscheiden, wie es mit dieser Energie umgeht. Wir Katzen und natürlich alle Tiere, die mit Menschen leben, egal ob freiwillig oder vermeintlich unfreiwillig, können der Energie, die uns umgibt, nicht immer ausweichen und wir möchten dies vielfach auch gar nicht. Vielmehr ist es unser Wunsch und Bestreben, dabei zu helfen, eine Energie – wenn sie offensichtlich nicht gut tut – zu verwandeln. Dies kann zum Beispiel dadurch möglich werden, indem wir eine Krankheit „produzieren", die wiederum ein erster Schritt sein kann, einen neuen Weg zu finden.

Womit ich wieder beim Thema wäre. Geht also bitte sehr viel lockerer mit uns um, sollten wir einmal nicht in Höchstform, sondern geschwächt sein. Selbst wenn die Möglichkeit im Raum steht, dass wir euch wegen einer schweren Krankheit verlassen könnten, versucht gelassen und ruhig zu bleiben. Eure innere Ruhe und Gelassenheit helfen uns in jeder Situation sehr!

Erkennt bitte, dass die Momente, die wir gemeinsam in Bewusstheit und Freude miteinander verbringen, sehr wertvoll sind. Kein Augenblick, in dem versäumt wurde zu leben, kommt zurück. Darum bitte ich euch, lasst euren Blick in Liebe und Freude auf uns ruhen, in Gesundheit und in Krankheit. Denn, wie ihr doch alle wisst oder schon mal gehört habt: In der Ruhe liegt die Kraft. Genau dort liegt die Kraft, eine gute Entscheidung für uns zu treffen! Die Ruhe unterstützt alles, vor allem aber macht sie Heilung möglich, was der Angst nie möglich sein wird!

Ich höre das, was Feli da von ihren eigenen Tierarzterlebnissen schildert, zum ersten Mal. Ich konnte aber selbst schon miterleben, wie sie bei einem gemeinsamen Tierarztbesuch regelrecht ausgerastet ist und selbst von drei Personen nicht zu halten war. So wird ein jeder sehr stark von seinen ganz persönlichen Erfahrungen geprägt, was nur schwer wieder abgelegt werden kann.

Tipp:

Ich möchte hier Felis Vorschlag aufgreifen, als eine gute unterstützende oder auch als eine erste Maßnahme, einen inneren Ort der Heilung aufzusuchen. Setzen Sie sich in Gelassenheit und Ruhe zu Ihrem Tier und stellen Sie sich in Gedanken einen

Ort vor, an den Sie, gemeinsam mit Ihrer Katze/Ihrem Tier, gehen. In der Mitte dieses Ortes befindet sich ein magischer Steinkreis. Lassen Sie sich in diesem Steinkreis nieder und sehen Sie, wie auch Ihre Katze/Ihr Tier sich dort entspannt hinlegt. Nun bitten Sie innerlich um heilsame Energien. Spüren Sie, wie sowohl Sie, als auch ihre Katze/Ihr Tier innerlich und äußerlich von lichtvoller Energie umgeben und durchdrungen werden. Diese heilenden Energien dürfen so lange fließen, wie Sie Ihnen und Ihrer Katze gut tun. Wenn Sie das Gefühl haben, dass Sie selbst und auch Ihre Katze/Ihr Tier genug Energien getankt haben, bedanken Sie sich und verlassen Sie gemeinsam mit Ihrem Tier diesen Ort.

Dieses Ritual können Sie auch vor einem anstehenden oder nach einem Tierarztbesuch durchführen. Es hilft Ihnen und Ihrer Katze/Ihrem Tier, wieder in die Mitte zu kommen und unterstützt die Heilung.

Hinweis:

Bitte beachten Sie, dass die Aussagen von Feli und meine Kommentare dazu, unsere ganz eigenen Erfahrungen darstellen und Angebote sind, die Sie annehmen können, wenn Sie das Gefühl haben, dass diese auch für Sie und Ihr Tier passend sind. Fühlen Sie sich bitte nie genötigt etwas zu tun, womit Sie sich nicht wohl fühlen und was Sie nicht für richtig oder angemessen halten. Es gibt eine Aussage, die da lautet, dass, wenn man Frieden in seinem Herzen spürt, die Entscheidung richtig ist. Jedoch kann man diesen Frieden nur dann spüren, wenn man in der Ruhe/in seiner Mitte ist ...

Ernährung und Gesundheit

Unterstützung von Katzen bei medizinischen Eingriffen

Achtsam und bewusst mit Krankheit umzugehen und mit allem, was damit zusammenhängt, bedeutet auch, dass man sowohl vor als auch nach einem medizinischen Eingriff oder einer sonstigen Behandlung schauen sollte, dass die Weichen in eine gute Richtung gestellt sind. Wenn man Behandlungen nur als etwas wahrnimmt, das man schnellstmöglich hinter sich bringen möchte, getreu dem Motto: „Augen zu und durch", zollt man weder der Krankheit noch deren „Bearbeitung" den rechten Respekt. Keiner sollte also ständig und nur noch auf seine kleinen und großen Wehwehchen schauen, doch diese als etwas zu betrachten, das möglichst schnell wieder verschwinden soll, ist auch nicht das Wahre.

Ich meine an dieser Stelle vor allem den Blick auf das, was die Krankheit zeigen will und was man tun kann, damit man selbst mit seiner Krankheit – und der seines Tieres – klar kommt. Dazu gehört für mich auf jeden Fall eine gute Vorbereitung und eine gute Nachsorge auf Seelenebene. Von unseren Tieren/Katzen wissen wir, dass diese oftmals sehr ungehalten auf Tierarztbesuche reagieren, was nur zu verständlich ist. Ich zumindest kann es gut nachvollziehen, wie sich eine Katze fühlen mag, die ohne die entsprechende Vorbereitung in ihren Transportkorb gestopft und zum Tierarzt gebracht wird, also ohne dass sie weiß, was los ist und worum es überhaupt geht.

Von einigen Tierhaltern habe ich erfahren, dass die Fahrt zum Tierarzt viel einfacher und stressfreier geworden ist, seit ihre Katze vorher stets über alles informiert wird. Das zeigt, dass es eben auch anders geht.

FELI:

Die sinnvollste Unterstützung, die ihr eurer Katze angedeihen lassen könnt, ist, wenn ihr sie gar nicht erst stresst. Für mich würde das bedeuten, dass jeder unnötige Tierarztbesuch vermieden werden sollte. Natürlich möchte ich Hilfe bekommen, wenn Hilfe nötig ist. Aber nicht im-

mer können die Menschen das gut unterscheiden. Ich weiß auch, dass es Katzen gibt, die sich selbst dann noch wehren, wenn es ums nackte Überleben geht. Ich gehöre auch zu dieser Spezies – aber das ist ein anderes Thema, denn hier geht es ja darum, euch zu erklären, was ihr tun könnt, um eure Katzen sinnvoll zu unterstützen.

Meine erste Bitte hierzu ist, dass ihr euer Tier immer rechtzeitig darüber informiert, wenn ihr plant, mit ihm zum Tierarzt zu fahren. Fünf Minuten vorher sind aber absolut nicht rechtzeitig, auch wenn einige von euch das glauben mögen. „Rechtzeitig" bedeutet genügend Zeit zu haben, um uns innerlich auf das vorbereiten zu können, was uns erwartet. Dabei wird die eine oder andere Katze zu dem Ergebnis kommen, dass sie überhaupt nicht zu einem Arzt muss oder möchte und dies auch versuchen zu zeigen, zum Beispiel, indem sie sich versteckt. Ihr solltet also immer auch auf die Zeichen achten, die wir euch in großer Anzahl zeigen. Will eure Katze auf gar keinen Fall in den Transportkorb, dann könnt ihr davon ausgehen, dass sie auch nicht zum Tierarzt will.

Wie nun könnt ihr eure Katze vor einem Besuch beim Tierarzt unterstützen? Das kann ich nicht so ohne weiteres sagen, denn jede Katze ist anders und so braucht die eine Katze vielleicht auch etwas anderes als die andere. Wie ich bereits gesagt habe, ist das allerwichtigste, dass ihr eure Katze informiert, ihr also sagt, was ihr mit ihr vorhabt. Lebt eine „coole" Katze an eurer Seite und seid ihr in der Kunst der mentalen Kommunikation bewandert, so könnte es eine gute Unterstützung sein, dass ihr direkt mit eurer Katze besprecht, was diese sich als ideale Vorbereitung von euch wünscht.

Vielen von uns tut es gut, wenn ihr uns beruhigend die Hände auflegt und lichtvolle Gedanken zu uns schickt. Dies tut aber bitte nur, wenn ihr selbst ruhig und innerlich gelassen seid. Seid ihr dies nicht, schickt ihr uns in diesem Moment eure Aufgeregtheit oder eure Angst oder eure Unsicherheit und das braucht keine Katze! Vielleicht lasst ihr euch in einem solchen Moment der Unsicherheit lieber selbst mal die Hand auflegen.

Wichtig ist, dass unser Innerstes von lichtvoller Energie durchflutet und dadurch ausgeglichen wird. Die so entstehende innere Harmonie vermag uns sehr zu unterstützen.

Ich persönlich liebe es sehr, wenn die Hand meines Menschen voller Liebe auf meinem Rücken ruht und mir himmlische Kraft übermittelt. Ja, so gestärkt vermag ich Großes zu vollbringen. Vielleicht vermag ich so gestärkt sogar in Gelassenheit zu einem Tierarztbesuch aufbrechen. Was ebenfalls sehr hilfreich sein kann, ist, wenn ihr eurer Katze helle und freundliche Bilder schickt von dem, was auf sie zukommt. Das bedeutet, dass ihr ihr auf keinen Fall Bilder von Horrorszenarien, sollten diese in eurem Kopf sein, sendet. Sollten solche Bilder in euren Köpfen herumspuken, dann sammelt euch erst einmal und schaltet um auf ein anderes Programm. Versucht in euch ein Bild entstehen zu lassen, das freundliche Räume zeigt und freundliche Menschen, die freundlich und ruhig mit eurer Katze umgehen und ihr nur Gutes tun. Sobald ihr dieses helle und freundliche Programm gefunden habt, lasst eure Katze daran teilhaben. Solcherart beruhigt, kann der Besuch beim Tierarzt gelingen.

Ich bitte euch, das eingeschaltete Programm auch in der Tierarztpraxis weiter laufen zu lassen. Seid nah bei eurer Katze und lasst die liebevollen Bilder zu eurer Katze fliessen. Sollte eure eigene Ruhe abhandenkommen sobald ihr beim Tierarzt seid, so bittet innerlich um Gelassenheit und Frieden für euch und euer Tier. Ihr dürft immer um Hilfe bitten, innerlich und natürlich auch äußerlich. Bittet schon vor der Fahrt zum Tierarzt darum, dass ihr auf verständnisvolle und liebevolle Wesen treffen werdet. Und übergebt eurer Katze voller Vertrauen an liebevolle Hän-

de, wenn eure eigenen zu aufgeregt geworden sein sollten.
All das, was ich euch als Unterstützung für die Zeit vor
einem Besuch beim Tierarzt gesagt habe, gilt in gleicher
Weise auch für die Zeit nach dem Tierarztbesuch. Hier
kann es sein, dass die Energie bzw. der Energiefluss eurer
Katze durcheinander geraten ist. Das kann geschehen,
trotz liebevollster Betreuung. Doch seid sicher, dass ihr
das wieder ausgleichen könnt und zwar, indem ihr Dinge
tut, die eurer Katze gefallen.

Ihr dürft sie in den ersten Momenten, nachdem sie wieder
Zuhause ist, erst einmal ausgiebig verwöhnen. Das dient
der ersten Beruhigung. Später dann sollte es das Wich-
tigste sein, die innere Balance wieder herzustellen. Dies
kann mit den gleichen Maßnahmen geschehen, die ihr
nun schon kennengelernt habt, oder mit jeder anderen
Methode, die eurer Katze Energie gibt: Durch liebevolle
innere Bilder, durch ein Gebet, durch das liebevolle Aufle-
gen der Hände und durch alles was eure Katze liebt. Dazu
gehören auch Leckerbissen und Spiele.

Doch gibt es unter uns auch Wesen, die nach dem Besuch
in einer Tierarztpraxis erst einmal viel Ruhe benötigen,
um wieder zu eigener Ruhe zurückfinden zu können. So
braucht die eine von uns Spiel, Spaß, Spannung und hei-
lende Energie, die andere dagegen Ruhe und Abgeschie-
denheit. Wenn jede das bekommt, was sie braucht und
annehmen kann und körperlich und seelisch wieder auf
Vordermann gebracht wird, ist ein guter Schritt getan,
dass es eurer Katze schon bald wieder besser geht.

Eigentlich enthalten die Vorschläge von Feli nichts Spektaku-
läres. Aber das ist vermutlich genau das Geheimnis. Es muss
wohl nicht immer etwas „Großes" sein. Alles Gute liegt viel-

mehr in den kleinen Gesten des Lebens. Und was könnte schöner sein, als wenn Sie Ihrer Katze positive Energie schicken, so wie es Ihnen möglich ist, ohne großes Tamtam, einfach nur so und ganz leicht.

Tipp:

Üben Sie das Senden von positiver Energie bereits im gemeinsamen Alltag mit Ihrer Katze und warten Sie damit nicht, bis ein Besuch beim Tierarzt ansteht. So können Sie rechtzeitig feststellen, ob Ihre Katze es mag, wenn Sie ihr die Hände auflegen. Vielleicht findet sie es angenehmer, wenn Sie dies ausschließlich in Gedanken tun. Am besten finden Sie heraus, was Ihrer Katze in stressigen Situationen gut tut, lange vor einem anstehenden Tierarztbesuch. Gerne dürfen Sie Ihre Katze auch fragen – oder fragen lassen – was sie braucht oder sich wünscht, um sich gut entspannen zu können. Mag sein, dass es Ihre Katze beruhigt, wenn entspannende Musik gespielt wird. Auch hier gilt es herauszufinden, was ihrer Katze sinnbildlich ein Lächeln aufs Gesicht zaubert. Seien Sie einfach ein wenig fantasievoll und vor allem: Seien Sie selbst entspannt. Denn es kann die liebste Katze nicht in Ruhe entspannen, wenn Frauchen oder Herrchen selbst angespannt sind.

Wie „denken" Katzen über das Thema Kastration?

Das Thema Kastration wird von einigen, nein, ich glaube von vielen Menschen, ein wenig zu lapidar abgehandelt, getreu dem Motto: Was sein muss, muss sein, da gibt es kein Entkommen. Richtig, die Kastration der Katze und des Katers ist notwendig, aber sie sollte nicht zu einem notwendigen Unterfangen oder Übel degradiert werden. Besser ist auch bei diesem Thema der bewusste und liebevolle Umgang, der allen Beteiligten, Menschen wie Katzen, helfen kann, das Geschehen besser anzunehmen und gut damit zu leben.

Die Brisanz, die hinter diesem Thema steckt, wird am ehesten klar, wenn Sie sich vorstellen, dass ein geliebtes Wesen, sagen wir Ihr Partner/Ihre Partnerin, mit Ihnen zum Arzt fährt und dort stellen Sie fest, dass man bei Ihnen und zwar ohne Sie vorher gefragt zu haben, diesen medizinisch zwar wenig spektakulären, aber seelisch doch tief gehenden Eingriff vornehmen wird. Wie würden Sie sich fühlen?
Eventuell verstehen Sie nun ein wenig mehr oder sogar sehr gut, wie es sich anfühlt, wenn es auf diese Weise abläuft, nämlich nicht gut. Es gebietet der Respekt, dass wir unserer Katze, die wir ja nicht „nur" als Katze sehen, sondern vielmehr als Freund und Partner an unserer Seite, mit einbeziehen, denn immerhin geht es dabei ja hauptsächlich um sie. Sollten Sie das bisher nicht getan haben, dann grämen Sie sich nicht, denn heute ist ein neuer Tag und ab sofort und beim nächsten Eingriff kann alles anders und besser werden.
Jetzt aber darf Feli wieder zu Wort kommen und uns ihre Sicht darstellen, die mich natürlich wieder brennend interessiert.

FELI:

Ihr denkt sicher, dass eure Katze/euer Kater längst vergessen hat, was geschehen ist, wenn sie/er irgendwann vor langer Zeit kastriert wurde. Das ist aber nie der Fall. Nichts, was nicht im Einklang und im Einverständnis mit

der Seele geschehen ist, wird je vergessen. Selbst dann nicht, wenn sich offensichtlich niemand mehr daran erinnern kann. Die Seele vergisst keine „Verletzung". Und so ist dieses Ereignis/dieser Eingriff, sollte er ohne entsprechende Begleitung und Hilfe ausgeführt worden sein, als dunkler Fleck auf unseren Seelen wahrzunehmen. Und damit übertreibe ich keinesfalls. Nein! Es ist so. Uns wird mit der Kastration etwas genommen, ohne dass uns dafür gleichzeitig etwas zurückgegeben wird. Würde so etwas in euren Häusern und mit eurem Eigentum geschehen, würdet ihr es Diebstahl nennen. Geschieht uns das, so sollen wir einfach darüber hinwegsehen. Doch das geht nicht so ohne weiteres.

Wenn wir auf die Welt kommen, dann sind wir ganz und komplett. Wir sind so, wie wir sein sollen und wollen. Ein kleiner Körper nur und doch ist alles da, was da sein soll. Körper, Seele und Geist schwingen im Gleichklang und freuen sich auf das Leben, das sie gewählt haben. Und nun kommt ihr Menschen ins Spiel und fangt an, auf uns einzuwirken bzw. auf uns einwirken zu lassen. Ihr tut dies nicht in böser Absicht, oh nein, doch ihr tut es und dieses Tun tut uns nicht immer gut. Und was das Schlimmste daran ist, ihr fragt uns noch nicht einmal ...

Nicht alle von uns haben die Kraft und Stärke, sich dagegen zu wehren. Und selbst wenn wir diese Kraft und Stärke haben, so nützen sie uns meistens doch nichts. Viele von uns möchten tatsächlich nicht kastriert werden oder zumindest nicht bereits im Kindesalter. Eine meiner Mitkatzen, Balou, hatte in sich den innigen Wunsch nach Kindern. Es hat sie sehr traurig gemacht, dass ihr das nach der Kastration nicht mehr möglich war. Ich selbst war und bin nicht beseelt vom Kinderwunsch, was aber nicht bedeutet, dass ihr alles mit mir machen könnt was ihr wollt. Das allerwichtigste ist – so empfinde ich es und so empfinden es viele meiner Katzenkollegen – dass ihr uns in Entscheidungen, die uns betreffen, mit einbeziehet.

Wir wollen gefragt werden!! Nie werden wir, wenn ihr uns bittet und erklärt, unser Einverständnis verweigern. Na ja, zumindest meistens nicht.

Ich weiß durchaus um eure Ansicht, dass Katzen keine Katzenkinder bekommen sollen, weil sonst etwas entsteht, was ihr Katzenelend nennt. Fragt mal Mütter in anderen, sehr viel ärmeren Ländern, ob sie auf Kinder verzichten wollen, nur weil dort kein Luxus herrscht. Natürlich will keiner, dass es seinem Kind schlecht geht. Keine Mutter, weder die Menschen- noch die Katzenmutter, will, dass ihr Kind krank wird und nichts zu essen hat. Und doch ist dieses Gefühl, ein Kind zu haben, es zu lieben und ihm alles zu geben, was man nur geben kann, durch kein anderes Gefühl auf der Welt zu ersetzen.
Kastration kann sinnvoll sein und kann es genauso gut auch nicht sein. Der einzelne Fall will genau betrachtet und gesehen werden. Handelt bitte nicht immer nach Schema F. Handelt weise und mit Herz.

Immer – oder zumindest meistens – werden wir, eure geliebten Katzen, das tun und tun lassen, was ihr uns vorschlagt. Aber ihr sollt zumindest erfahren, welche Meinung wir zu den Themen haben, mit denen ihr uns konfrontiert. Ist die Kastration unausweichlich und das ist sie in euren Augen meistens, dann lasst uns daran teilhaben, also auch seelisch, denn körperlich geht es dabei ohne uns ja sowieso nicht. Es sei denn, ihr wollt, damit ihr mitreden könnt, das auch an euch einmal ausprobieren lassen??

Ich möchte lediglich, dass ihr versteht, dass alles was zu uns gehört, uns nicht ohne Grund und einfach mal so nebenbei, weggenommen werden darf. Wenn ihr darauf achtet, dann habt ihr uns schon viel geholfen. Wenn ihr noch einen Schritt weiter gehen wollt, dann gebt uns mit jedem Eingriff, den ihr an uns vornehmen lasst, immer

*auch etwas zurück. Der Verlust des körperlichen ist auf
der geistigen Ebene sichtbar und so kann auf der geistigen Ebene ein Ausgleich vorgenommen werden. Wenn
unter euch einer ist, der vielleicht ein Körperteil verloren
hat, der wird verstehen, dass dieses Körperteil sich dennoch – oft sogar schmerzlich – bemerkbar machen kann.
Dies wird möglich, weil es auf der geistigen Ebene ein
Gedächtnis dafür gibt. So könnt ihr diesem Körperteil auf
der geistigen Ebene etwas an die Hand und mit auf den
Weg geben, was hilft, dass auch der Körper den Verlust
gut oder besser verkraften kann.*

*Noch einmal möchte ich sagen, dass gerade die Kastra-
tion für uns – und natürlich auch für jedes andere Wesen
– einen besonders tiefen Einschnitt und Eingriff darstellt.
Alles was ich mit dem Gesagten zum Ausdruck bringen
will ist, dass ihr uns bitte helfen sollt, dass die Energie
und die entsprechenden Seelenqualitäten, dennoch nicht
verloren gehen, sondern uns weiter durchs Leben tragen.
Dafür danke ich euch im Namen aller Katzen dieser Erde,
die bei den Menschen leben.*

Ich kann mir vorstellen, was jetzt in Ihnen vorgeht. „Sollen wir
unsere Katzen jetzt vielleicht nicht mehr kastrierten lassen?"
mögen Sie sich fragen. Aber ich denke, gemeint ist etwas ganz
anderes. Es geht vielmehr um den Respekt gegenüber einem
Wesen, das keine Möglichkeit hat, diesem Vorgang zu entgehen.
Es geht darum, dass wir verstehen, dass die Kastration nicht
gleichbedeutend ist mit dem Schneiden der Krallen oder dem
Säubern der Ohren (obwohl letzteres auf der persönlichen Hit-
liste von Feli ebenfalls ganz unten angesiedelt war).
Wir Menschen betrachten die Fortpflanzung der Katzen oftmals nur unter dem Aspekt der Vermehrung. Dahinter steht
natürlich sehr viel mehr. Wir übersehen nur zu oft und gerne,

dass dahinter auch eine Lebensaufgabe und eine besondere geistige Qualität stehen, wie z. B. die weibliche und männliche Rolle auszufüllen. Wer sind wir noch, bzw. wer ist die Katze, der Kater noch, wenn ihr/ihm dieser wichtige Bestandteil seines Selbst genommen ist? Darum geht es doch in viel größerem Ausmaß! Und genau hier scheint Feli ansetzen zu wollen, indem sie uns bittet, zu verstehen zu respektieren und zu helfen.

Tipp:

Bereiten Sie Ihre Katze/Ihren Kater rechtzeitig und mit viel Einfühlungsvermögen auf die Kastration vor. Lassen Sie sie oder ihn wissen, was geschieht und warum. Hören Sie sich ihre oder seine Meinung dazu an und respektieren Sie diese. Reagiert Ihr Tier ablehnend, so bitten Sie um Verständnis für Ihr Handeln. Bitte denken Sie daran, dass Ihrem Tier durch die Kastration Energie sowie ein wichtiger „Lebensaspekt" verloren gehen und dass es sogar ein seelisches Trauma erleiden kann.

Eine energetische Therapie kann hier helfen, Körper, Geist und Seele zu harmonisieren und Ihre Katze nach der Kastration wieder „aufzubauen". Sprechen Sie mit einem erfahrenen Tiertherapeuten, der energetische Heilweisen anbietet.

Wie sehen Katzen andere Katzen?

Schon immer herrschte die landläufige Meinung, dass Katzen keine anderen Katzen mögen. Die Katze wurde und wird als Einzelgänger bezeichnet und oft alleine gehalten. Tatsächlich kann es sein, dass Katzen einander mit sehr viel Misstrauen begegnen und sich in Einzelfällen mitunter sogar sehr feindlich gegenüber stehen. Das kann so sein, muss es aber nicht. Ich kenne ebensoviele Katzen, die friedlich und freundschaftlich miteinander leben und die, selbst wenn sie einander nicht sehr schätzen, so doch den anderen tolerieren. Bei Menschen ist es ja nicht viel anders, den einen mag man, den anderen kann man nicht ausstehen. Der einzige Unterschied scheint mir zu sein, dass wir Menschen uns nicht gegenseitig die Haare büschelweise ausreißen. Zumindest tun wir das eher selten.

So interessiert mich natürlich sehr, wie Katzen sich untereinander sehen und wie sie ihr Zusammenleben beschreiben.

FELI:

Ich möchte diese von dir gestellte Frage ein wenig abwandeln. Ich werde sie so beantworten, als hättest du mich gefragt, wie wir Katzen gesehen werden möchten – oder noch besser, wie wir Katzen uns selbst sehen. Dabei spreche ich jetzt natürlich wieder nur über mich und die Katzen, die ich persönlich gut kenne oder mal gekannt habe, denn, du wirst es schon ahnen, ich kenne nicht nur Katzen hier auf der Erde. Ich kenne noch viele mehr auf der anderen Seite der Türschwelle eurer Wirklichkeit.

Es ist allerdings immer noch sehr schwer, selbst diese abgewandelte Frage zu beantworten, denn ich spüre, dass ich sehr viel von mir preisgeben werde. Ich werde mein Innerstes vollkommen sichtbar machen. Na ja, vielleicht nicht ganz. Ein klein wenig Geheimnis brauche ich noch, denn das Geheimnisvolle ist doch ein Teil der Faszination

von uns allen, egal wie individuell wir auch sein mögen.
Was nun macht mein Wesen aus? Was ist es, was auch
euch so an mir als Katze fasziniert? Ich sage euch nun,
was ich an mir selbst herausragend finde. Da ihr Men-
schen ganz besonders viel Wert auf die Äußerlichkeiten
legt, will ich damit beginnen, bevor ich dann zum wahren
Schatz, meinem Innenleben, komme.

Im Außen bin ich einem schnittigen Auto sehr ähnlich.
Und doch bin ich viel besser, viel schneller und sehr viel
ansehnlicher. Meine Karosserie ist windschnittig und ge-
schmeidig. Es gibt nichts Vergleichbares zum Körper einer
Katze, da sind wir uns tatsächlich alle sehr ähnlich, von
kleinen Unterschieden mal abgesehen. Die Farbe mag
variieren, doch immer ist sie unvergleichlich bemerkens-
wert. Jedes Detail ist außergewöhnlich schön. Die Zeich-
nung unseres Fells scheint von Künstlerhand geschaffen
zu sein. Sie spricht ihre eigene Sprache und hat eine
tiefe Symbolik, die viele von euch Menschen schon er-
kannt haben. Wir können bunt sein, aber auch auf eine
einzige Farbe konzentriert. Mein Fell scheint auf den er-
sten Blick schwarz. Doch der erste Blick trügt, wie so oft.
Selbst im schwärzesten Schwarz kann sehr viel verborgen
sein. Wer genau hinschaut kann erkennen, dass mein Fell
rötlichbraun schimmert. So steckt bereits in meinem Fell
sehr viel Erkenntnis. Selbst das Äußere ist nicht immer
das, was es zu sein scheint. Der Blick soll immer tiefer
gehen, um erkennen zu können, was wirklich ist.
Um bei meinem Körper zu bleiben. Die Geschmeidigkeit
meiner Bewegungen sucht ihresgleichen. Stabil ist mein
Körper und dabei doch so beweglich. Ich kann blitzschnell
laufen, rasch die Richtung ändern, aus dem Stand sprin-
gen, als ob es nichts wäre. Meine Bewegungen sehen
mühelos aus und perfekt. Das sind sie in der Tat. Ich bin
fest und dabei gelenkig. Kein noch so tolles Auto kann
mithalten, wenn ich lospurte. Ich muss mich nicht erst
warmlaufen, ich bin stets warm, immer und überall. Ich

kann jederzeit umschalten vom Ruhemodus auf den Lauf-
modus, ohne, dass es mich viel Anstrengung kostet. Die
Bewegung ist mir Freude und Spaß zugleich. Meinen Kör-
per zu benutzen scheint mir wie ein Kinderspiel zu sein.
Ich genieße ihn und erfreue mich an ihm. Er ist perfekt
und bietet mir alles, was ich brauche. Mein Körper bietet
so viel mehr, als ihr euch vorstellen könnt. Euer eigener
Körper wirkt plump und unbeweglich neben dem einer
gesunden Katze.

Ich weiß, dass ihr uns mit Wohlgefallen betrachtet und un-
sere äußere Schönheit tief bewundert. Einigen von euch
bleibt jedoch unsere wahre Schönheit, die sich in unserem
Inneren befindet, verborgen. Einige von euch haben auch
noch nicht entdeckt, wie vielschichtig wir sind. Unser In-
neres ist von Gegensätzlichkeit geprägt. Dies aber nicht,
um zu verwirren, sondern um auf die vielen Möglichkeiten
aufmerksam zu machen, die das Leben bietet.

Ich komme nun wieder auf mich persönlich und mein
Innenleben zu sprechen, womit ich aber nicht mein kör-
perliches Innenleben meine, sondern das Innenleben von
meinem Selbst, von **M I R***! Ich bin, wie ich bin. Dieser Satz*
wird oft ausgesprochen. Auch ich habe ihn schon gehört.
Er spricht die Wahrheit. Jeder ist, wie er ist. Jeder sollte
sich in Liebe so akzeptieren, wie er ist, denn jeder ist doch
gut, egal wie er ist. Ich tue das auf jeden Fall! Auch wenn
mein Mensch oft mit kritischen Augen auf mich schaut,
so weiß er doch, dass ich, wie er selbst auch, vollkommen
bin.
Ich spüre, dass ihr etwas mehr über **M I C H** *lesen wollt.*
Das ist verständlich, denn in die Seele eines anderen zu
schauen kann helfen, in einen besseren Kontakt zur eige-
nen Seele, zum eigenen **ICH** *zu kommen. Gerne will ich*
euch dabei behilflich sein. Ich sprach bereits über die Ge-
gensätze, die einer Katzenseele innewohnen können. So
kann ich liebevoll und zärtlich im einen und kratzbürstig

und wehrhaft im anderen Moment sein. Ihr schaut voller Freude auf das eine und voller Ablehnung auf das andere. Das finde ich nicht gut, denn sowohl das eine Verhalten als auch das andere ist wichtig für mich. Das Wesentliche in mir ist die gelebte Ehrlichkeit. Ich lebe, was ich fühle. Viele von uns tun das, zumindest fast alle, die ich kenne. Es gibt Ausnahmen. Ich kenne sogar eine davon. Ich jedoch bin keine dieser Ausnahmen. Ich verhalte mich äußerlich, wie ich mich innerlich fühle. Habe ich das Gefühl, ich möchte kratzen, dann kratze ich, ohne, dass ich böse oder hinterhältig bin. Ich handele nicht aus der Sicht eines anderen, ich handele aus meiner ganz eigenen Sicht. Wie im Außen, bin ich auch im Innen, in meinen Reaktionen, sehr schnell. Dass, was der Katze vor langer Zeit bereits angedichtet wurde, dass sie nämlich „falsch" sei, kann gar nicht stimmen, denn um „falsch" zu sein, bedarf es Berechnung und vor allem einer gewissen Zeit, darüber nachzudenken, was denn einen Vorteil bringen kann und was nicht. Doch ich überlege nicht, ich denke nicht über mein Tun nach, ich tue das, was ich fühle. Und zwar spontan und ohne darüber nachzudenken, ob mein Verhalten mir einen Vorteil oder einen Nachteil bringen wird.

Ich lebe zeitweise ein wenig, als stünde ich unter Strom. In mir ist viel Kraft vorhanden, die gelebt werden will. Diese Kraft hilft mir, stark zu sein, sowohl im Körper, als auch im Geist. Innerlich bin ich aber nicht nur Kraft, sondern gleichzeitig auch Ruhe. Was jeweils „dran" ist, entscheidet der Blick in die Natur. Schaue ich ins Helle und Warme, erwacht in mir die Kraft. Ich kann sie dann spontan pulsieren lassen. Schaue ich jedoch in Dunkelheit und Kälte, dann springt der Ruhemodus an und ich genieße das, was ihr ein „faules Leben" nennt. Wie viele andere meiner Katzenkollegen zieht mich die Wärme magisch an. Wir sind Sonnenkinder und können nicht genug von ihr bekommen. Immer sind wir eingebunden in den Kreislauf der Natur, dem wir uns sehr gut anpassen können.

Ich kann mich aber auch zurücknehmen, muss nicht immer an vorderster Front stehen, obwohl ich sehr gerne weit vorne bin. Ich bin ich und werde es immer sein, in jedem Augenblick, was immer auch geschieht.

Das Zusammenleben mit meinen Katzenbrüdern und Katzenschwestern gestaltet sich indessen nicht immer einfach. Das mag daran liegen, dass wir eben immer genau so sind, wie wir eben sind. Mal oben, mal unten, mal hoch, mal tief, mal voller Lust, mal voller Frust. Wir verstellen uns nicht, auch nicht voreinander. So kann es geschehen, dass „Welten" aufeinander prallen. Und wenn „Welten" aufeinander prallen, geht es auch schon mal rund. Befindet sich die äußere Welt in einem Zustand der Ruhe, so können unsere individuellen Welten in Frieden und Harmonie miteinander schwingen. Herrscht jedoch innerer „Kriegszustand", kann das Aufeinandertreffen eine höchst explosive Angelegenheit werden. Aber wie das so ist, mit den explosiven Kräften, sind sie verpufft, was ja immer recht schnell vonstatten geht, dann kehren wieder Ruhe und Stille ein.

So bitte ich euch, versucht immer zu verstehen, was da gerade vor sich geht und schaut es aus einer Entfernung an, die es euch möglich macht, einfach nur wahrzunehmen, ohne zu urteilen. Erkennt, dass nach dem Sturm der Gefühle, wieder Ruhe eintreten wird. Unsere explosiven Kräfte wollen nicht unterdrückt werden, sie wollen sich zeigen und der Welt sogar ein wenig dienen, denn dann, wenn sich diese Kräfte ausleben dürfen, können sie am schnellsten wieder abebben. Werden sie jedoch unterdrückt, können sie zu einem späteren Zeitpunkt Kummer bereiten. Das wollte ich euch gerne sagen, denn sehr viele Menschen haben Schwierigkeiten damit, ihre explosiven Kräfte anzunehmen. Vieles wäre einfacher, könntet

177

ihr das besser. Weil wir Katzen das vermögen, finden wir meist sehr schnell wieder zu einer inneren Harmonie zurück und das, was eben noch Unruhe und Unfrieden war, wandelt sich ruckzuck in einen Zustand von Frieden. Es ist das, was uns am meisten auszeichnet, nämlich dass wir nichts zurückhalten. So sind wir dem, was die Natur ausmacht, sehr ähnlich. Einmal friedlich und heiter, voller Wärme und Innigkeit, ein anderes Mal wild und stürmisch und voller ungezügelter Kraft.

Ich sehe die meisten von uns als Kinder der Naturkraft, die durch uns wirken kann und darf. Diese Kraft der Natur ist es, die durch uns fließt und die durch uns spricht. Wir sind eins mit ihr.

So möchte ich am ehesten sagen, dass ich uns als vielfältig und bunt wahrnehme, alle Farben dürfen sein, alles was im Außen ist, findet ihr auch in unserem Inneren.

Was im Zusammenleben von Katzen ebenfalls eine große Rolle spielt, ist, welche Gefühle wir für eine andere Katze hegen. Bei mir ist es nicht generell so, dass ich keine anderen Katzen mag. Ich würde es lieber so ausdrücken, dass ich nicht jede andere Katze mag. Die eine mag ich, die andere nicht. Ihr mögt ja auch nicht jeden Menschen. Und ihr könnt von denen, die ihr mögt, so manches Mal nicht sagen, warum ihr sie mögt. Genauso wenig wie ihr von denen, die ihr nicht mögt, wisst, warum das so ist. Die gegenseitige Sympathie und Antipathie hat für mein Gefühl etwas mit der persönlichen Energie, dem persönlichen Weg und der persönlichen Geschichte zu tun. Das gilt für uns Katzen, genauso wie es für euch Menschen gilt. Wir können alles sein, was wir nur wollen, Einzelgänger und Salonlöwen, je nachdem, was der Lebensweg von uns verlangt. Wir geben uns immer dem hin, was sich in uns zeigt. Wir drücken das aus, was ausgedrückt werden will. Wir leben das, was gelebt werden will. Versucht das doch auch mal!

Wie immer beeindruckt es mich sehr, was Feli auf meine Frage von sich gegeben hat. Ich kann sogar sehr gut nachvollziehen, was sie hier zum Ausdruck bringen will, denn genauso erlebe ich Katzen, zwar nicht unbedingt als wild und ungezügelt, aber als wahrhaftig und echt. Ich denke, dass wir ihnen, dadurch dass wir ihnen – manchmal oder sogar oft – einen Stempel aufdrücken, sehr unrecht tun. Und ich fange gerade jetzt an zu verstehen, dass wir damit jedem Wesen unrecht tun. In erster Linie sollten wir doch versuchen, zu verstehen und nicht vorschnell verurteilen. Einfach ist das jedoch nicht gerade. Wenn unser Perserkater Sammy hin und wieder seine ungezügelte Kraft an einer anderen Katze austobte, konnte ich das kaum mit ansehen. In solchen Fällen ist es der bessere Weg herauszufinden, warum eine Katze so reagiert und sie nicht nur auszuschimpfen.

Tipp:

Um der inneren Wahrheit mehr Raum zu geben, könnten Sie eine feste Zeit in jeder Woche einplanen, sagen wir eine Stunde, in der Sie vollkommene Ehrlichkeit (aus)leben. Schreiben Sie in dieser Zeit alle Gefühle auf, die in Ihnen sind, die vielleicht ungelebt, ungeliebt und versteckt ihr Dasein fristen. Schauen Sie, welche Gefühle schon lange raus wollen und suchen sie einen kreativen Weg, diese Emotionen lebendig werden zu lassen.

Ich, die ich große Probleme damit habe, Aggressionen zum Ausdruck zu bringen, habe für mich einen Weg gefunden, diese von Zeit zu Zeit aus ihrem inneren Gefängnis herauszulassen: Ich schreie – und zwar beim Autofahren, wenn mich niemand hört und ich mit meinem Geschrei niemanden störe und erschrecke. Aber machen Sie das bitte nur dann nach, wenn Sie auf ruhigen, also leeren Straßen unterwegs sind und nicht gerade mit 180 km/h auf einer vierspurigen Autobahn!

Dann wäre es besser, seine ganz persönliche Schreitherapie im Wald abzuhalten. Man kann seinen Aggressionen und seinem Frust auch dadurch Ausdruck verleihen, indem man auf ein Kissen einschlägt. Sehr oft kann auch viel Traurigkeit und Trauer in einem Menschen verborgen sein. Hier kann Weinen ein Weg sein, diesen Gefühlen nach außen zu verhelfen. Eine gute Hilfe, den Tränen freien Lauf zu lassen, ist es, sich einen traurigen Film anzusehen oder bewegende Musik anzuhören.

Mit Hilfe der wöchentlichen oder monatlichen „Wahrhaftigkeitsstunde" haben wir ein Hilfsmittel an der Hand, um nach und nach ein wenig mehr bei und in uns selbst anzukommen. In dem Maße, in dem wir immer ehrlicher und wahrhaftiger zu uns selbst sind, kann sich das Leben um uns herum auch verändern. Das, was wir offen zum Ausdruck bringen, muss uns nicht mehr „durch die Blume" bzw. „durch die Katze" gezeigt werden.

Sollte sich das Zusammenleben Ihrer Katzen unharmonisch zeigen, so versuchen Sie herauszufinden, was Ihr persönlicher Anteil daran ist. Das ist das eine. Das andere ist, den Katzen immer die Gelegenheit und das Vertrauen zu geben, die Probleme, die sie untereinander und miteinander haben, auf ihre Weise zu klären. So können auch Sie an dem wachsen, was sich Ihnen zeigt. Wir müssen nicht immer glauben, dass wir selbst es sind, die alles klären und bereinigen müssen. Manches Mal dürfen wir auch Zuschauer sein und einfach nur (los)lassen. Dabei ein wachsames Auge auf alle zu haben, sollte jedoch selbstverständlich sein.

Andere wichtige Themen des Lebens

Wie sehen Katzen ihre Beutetiere?

Katzen und ihre Beutetiere, das ist ein besonders heikles Thema. Jeder Katzenhalter kennt die Situation, wenn die Katze mit einer Maus, einem Vogel oder irgendeinem anderen Beutetier zwischen den Zähnen nach Hause kommt. Meist ist die Katze voller Freude und will ihren Menschen ebenfalls an dieser Freude teilhaben lassen – was nur selten gelingt. Zumindest bei mir ist das so. Da sicher nicht wenige Katzenhalter nicht nur ihre Katze, sondern generell alle Tiere lieben, kann das ein schmerzhafter Moment sein. Eine Maus berührt mein Herz ebenso, wie das meine Katzen zu tun vermögen. Allerdings werden in der allgemeinen Betrachtung der Beutetiere teilweise Unterschiede gemacht. So kann es sein, dass der eine Katzenhalter es noch gut toleriert, wenn seine Katze eine Maus fängt. Sobald jedoch die Katze mit einem Vogel ankommt, wird das meist als unakzeptabel empfunden. Generell wird die Jagdleidenschaft der Katze von vielen Menschen (Katzen- wie Nicht-Katzenhalter), als etwas Negatives betrachtet.

Als ein Mensch, der sich vegan ernährt, habe auch ich Probleme mit dem Jagdverhalten meiner Katzen. Meine Katzen empfinden es meist als ziemlich empörend, wenn ich ihnen die Beute, sofern diese noch lebt, abnehme und wieder in den Garten setze. Wie sinnvoll das ist, müsste ich tatsächlich einmal näher untersuchen.

Wie auch immer, das Verhalten der Katze gegenüber ihrem Beutetier erweckt den Eindruck von Grausamkeit. Ich glaube, dass das Momente sind, in denen sich beide Seiten sehr missverstehen: Die Katze den Menschen, ob seiner vermeintlichen Dummheit, der Mensch die Katze, ob ihrer vermeintlichen Grausamkeit. Um hier ein wenig Licht ins Dunkel unserer Bewertung zu bringen, habe ich Feli gebeten, uns ihre Sicht der Dinge darzustellen.

FELI:

*Ich weiß, dass es euch nicht leicht fallen wird, das anzunehmen, was ich zu diesem Thema zu sagen habe. Aber darum geht es auch gar nicht. Keiner kann und soll immer **n u r** das sagen, was ein anderer annehmen kann. Dann wäre es sehr still auf der Welt. Gerade das, was anders ist, als das, was wir schon wissen, vermag die Welt zu verändern.*

Aber darum geht es jetzt nicht, denn ihr wollt ja etwas lernen. Und um das tun zu können, solltet ihr euch anhören, was ich zu diesem Thema und dazu, warum wir Katzen unsere Beutetiere so jagen, wie wir dies tun, zu sagen habe. Und vielleicht geht es auch noch darum, warum wir überhaupt jagen.

*Zuallererst bitte ich euch, damit aufzuhören zu denken, wir seien grausam. Wir Katzen handeln so, wie es uns das Innerste fühlen lässt. Wir denken nicht nach. Dies scheint, aus eurer Sicht, ein Nachteil zu sein. Uns aber lässt diese Art zu handeln überleben. Es **hat** einen Sinn, dass wir so geschaffen sind, dass wir das tun. Ich kann euch diesen Sinn allerdings nicht nennen. Ich kann euch nur sagen, dass wir Katzen tun, was unser Leben, unser Weg von uns verlangt. Das Leben oder vielmehr die Energie, die ein anderes Tier in sich trägt, wird dadurch, dass wir dieses Tier jagen und essen, auf uns übertragen. Nicht, dass wir dadurch werden wie zum Beispiel eine Maus, aber wir nehmen ihre Lebensenergie auf, so, wie ihr wertvolle Energie aufnehmt, wenn ihr etwas „Lebendiges" esst. Und das muss kein tierisches Wesen sein. Auch Pflanzen sind Lebewesen, das macht ihr euch viel zu selten bewusst. Die Bewusstheit spielt eine wichtige Rolle bei dem was wir tun. Mit „wir" meine ich an dieser Stelle uns Katzen. Wir sind auch beim Jagen immer ganz bei uns. Unsere Beutetiere sind uns dennoch nicht gleichgültig, auch wenn das in euren Augen so aussehen mag. Ich könnte sogar sagen, wir sind innig mit ihnen verbun-*

den. Auch sie haben ihre Aufgabe, so wie jedes Lebewesen seine Aufgabe hat. Derjenige, der uns als Nahrung dient, erfüllt eine wichtige Aufgabe. Er dient in Liebe. Derjenige ist Bestandteil eines großen Kreislaufs. Und hier spreche ich nicht vom Kreislauf des Lebens, so wie die Menschen ihn sehen. Euer Kreislauf ist ein anderer. Für euch sind die einen stark, die anderen schwach. Die einen fressen, die anderen werden gefressen. Doch dem ist nur oberflächlich betrachtet so. Zuerst einmal sind wir alle Lebewesen, die ihren Teil zum Weltengeschehen beitragen. Wir haben alle eine bestimmte Ausstrahlung, eine bestimmte Energie und eine bestimmte Aufgabe. Die Energie, die ein jedes Wesen ausstrahlt, trägt zum Fortbestand der Erde bei. Der Baum, der passiv dazustehen scheint, ist in Wahrheit ein kraftvolles Wesen, das viel Schutz und Kraft zu geben vermag. Die Maus, die Beutetier von so vielen vermeintlich stärkeren Tieren ist, gibt sich, ihre Kraft und ihre Energie hin und verhilft, dass der Kreislauf immer weiter geht. Sie wirkt wie ein Opfer, ist aber keines, so wie Katzen, die zu den „Raubtieren" zählen, keine Täter sind.

Es heißt, dass in der Stille viel Kraft liegt. Das stimmt. Kraft kann sich aber in vielen Formen zeigen. Keine ist besser oder schlechter als eine andere. Jede Kraft erfüllt ihre Aufgabe, jede Kraft ist wichtig, damit letztendlich alles zum großen Ganzen werden kann.

Ihr dürft den Blick nicht nur auf das richten, was ihr sehen wollt, sondern müsst den Blick weiten. Vor allem müsst ihr ganz besonders auf den Teil achten, der euch Leid bringt. Warum ist das so? Ihr müsst auf euch selbst schauen, wenn es etwas in eurem Leben gibt, das ihr nicht ertragen könnt. Vielleicht könnt ihr es nur deshalb nicht ertragen, weil ihr nur einen Teil davon seht, den anderen jedoch nicht. Vielleicht erkennt ihr nur nicht die Aufgabe und den Sinn, die dahinter stehen ...

Ich als Katzenwesen sehe in dem Tier, das ich töte und esse, einen Teil von mir. Ich erkenne in ihm das, was mir in diesem Augenblick fehlt und was mir hilft, meine eigene Energie aufrecht zu erhalten. Ich bin voller Dankbarkeit, dass ich diese Möglichkeit habe. Und so sehe ich in dem Tier, das sich mir vermeintlich „opfert", auch ein Geschenk. Ich fühle mich ihm weder überlegen, noch unterlegen. Wir sind eins. Wir repräsentieren unterschiedliche Seiten einer Medaille, wenn ihr das so sehen wollt.

Die Art und Weise, wie wir mit den Beutetieren umgehen, ist das, was euch offensichtlich am meisten empört, das weiß ich. Ich sah es so oft, wenn ich voller Stolz mit einer Maus zu meinen Menschen nachhause kam und sie an meiner Freude und meinem Erfolg teilhaben lassen wollte. Dann ging meist sehr schnell das Geschrei los und mir verging leider ebenso schnell die Freude. Menschen verurteilen leicht das, was sie nicht kennen. Und zwar ohne, dass sie versuchen, es zu verstehen. Das macht uns traurig. Wirklich.
Einige eurer Urteile möchte ich hier versuchen zu entkräften. Nichts, was wir tun, tun wir mit Vorsatz oder böser Absicht oder gar Bösartigkeit. Alles, was wir tun, ist ehrlich. Unsere Jagdaktivitäten dienen dazu, dass wir überleben können. Doch nicht immer verspeisen wir ein Lebewesen, das wir getötet haben. Manches Mal töten wir mehr, als wir essen können. Warum ist das so? Dort, wo generell Überfluss herrscht, zeigt er sich in vielerlei Gestalt. Ihr Menschen lebt sehr oft im materiellen Überfluss. Dass, was wir euch durch unsere Jagdaktivitäten zeigen, ist oftmals ein Spiegel in den ihr schaut. Wir sind uns gar nicht so unähnlich ...

Unser Tun dient immer auch als Hinweis für diejenigen, die das sehen sollen, was wir tun, um davon zu lernen. Sie sollen es jedoch nur sehen, nicht aber bewerten. Erkennt bitte, was es ist an unserem Verhalten, das es euch schwer macht, dieses annehmen zu können. Schaut auf euch und nicht auf uns. Wir tun nichts Unrechtes. Wir schauen mit Wohlwollen auf die Tiere, die sich uns anbieten. Wir sind dankbar dafür, dass es sie gibt. Wenn ihr etwas anderes in unserem Verhalten seht, so bitte ich euch zu prüfen, warum das so ist. Vielleicht dürfen wir mit der Art und Weise wie wir mit unserer Beute umgehen, euch die Augen öffnen für euer eigenes grausames Verhalten gegenüber eurer „Beute"? Denkt bitte daran, dass ihr immer genau das präsentiert bekommt, was einen Sinn für euch hat. Wie geht ihr Menschen mit Tieren und Pflanzen um, die euch als Nahrung dienen?? Schaut ihr mit Respekt und Hochachtung auf diese Wesen? Wisst ihr noch zu schätzen, was ihr alles „habt"? Wollt ihr – obwohl ihr doch schon alles habt – immer noch mehr?

Beginnt bei euch selbst und hört bitte auf, uns nur dann zu schätzen und zu lieben, wenn wir in eurem Sinn agieren. Versucht bitte zu verstehen, dass wir unseren eigenen Weg haben, den wir gehen sollen. Und wenn ihr uns nicht uneingeschränkt so lieben könnt wie wir sind, dann versucht bitte dennoch zu respektieren wie wir sind. Dafür wäre ich sehr dankbar. Damit verhelft ihr nicht nur uns Katzen zu mehr Anerkennung, sondern auch euch selbst.

Ich verstehe, was Feli damit sagen will. Ich weiß aber auch, dass es mir – zumindest im Moment noch – schwer fällt zu respektieren, dass ein Lebewesen ein anderes tötet, zumindest in dieser aus unserer Sicht brutalen Art und Weise.
Doch ich beginne dennoch, auch ein wenig tiefer zu sehen und zu erkennen. Ich erkenne vor allem, dass wir sehr oft nur die „Oberfläche" von dem sehen, was uns begegnet, der Sinn von

vielen Dingen bleibt uns häufig verborgen. Damit meine ich nicht nur, dass alles immer zwei Seiten hat. Vielmehr meine ich das, was als Thema, als Aufgabe hinter einem Ereignis steht. Jedes einzelne Thema hat seine Daseinsberechtigung, unabhängig davon ob es uns gefällt oder nicht. Die Themen, die uns besonders ins Auge stechen, haben mit Sicherheit auch eine besondere Bedeutung, sie einfach in eine bestimmte Schublade zu stecken oder zu ignorieren, hilft aber niemandem. Es könnte eine (Er)Lösung sein, anders mit dem umzugehen, was uns „falsch" oder „sinnlos" erscheint.

Im Zusammenhang mit dem Töten von Tieren, erinnere ich mich zum Beispiel gerade daran, wie Naturvölker damit umgehen bzw. umgegangen sind, wenn sie ein Tier töten, das sie als Nahrung und für ihr Überleben brauch(t)en. Von den Indianern hat man berichtet, dass sie sich mit der Seele des Tieres verbunden haben und auf diesem Weg um Erlaubnis baten, es töten zu dürfen. Das, was Feli über die Beutetiere der Katzen berichtet hat klingt so, als basiere das Verhältnis Jäger und Beute (ich spreche hier von tierischen Jägern) auf einer solchen Absprache auf Seelenebene. Vermutlich sind Raubtiere viel weniger brutal und viel bewusster im Umgang mit ihrer Beute, als dies der Mensch ist ...

Tipp:

Sollten Sie zu den Katzenhaltern gehören, die von ihren Katzen regelmäßig mit Beutetieren beschenkt werden, versuchen Sie mit Ihrer Katze eine Abmachung zu erzielen, je nachdem, welche diesbezüglichen Wünsche Sie an Ihre Katze haben. Wenn Sie nicht möchten, dass Ihre Katze erlegte oder noch lebende Beute mit ins Haus bringt, so bitten Sie sie darum, dies zu unterlassen. Vergessen Sie dabei aber nicht, zu erklären, warum Sie das möchten oder nicht möchten und machen Sie

Ihrer Katze vor allem einen Alternativvorschlag! Man darf der Katze nicht allein seine eigenen Wünsche aufzwingen wollen, getreu dem Motto: Solange du deine Pfoten auf meine Couch legst ... Vielmehr sollte man gemeinsam mit ihr einen Mittelweg bzw. eine Alternative suchen. Wer so sucht, wird bestimmt auch einen Weg finden.

Das Wichtigste aber scheint mir zu sein, dass ein jeder versucht zu erkennen, warum ihm das, was das Jagdverhalten seiner Katze in ihm hervorruft, so zu schaffen macht. Vielleicht hilft allein das Erkennen dessen, was dahinter steckt, schon einen Schritt weiter.

Andere wichtige Themen des Lebens

Hunde und Katzen

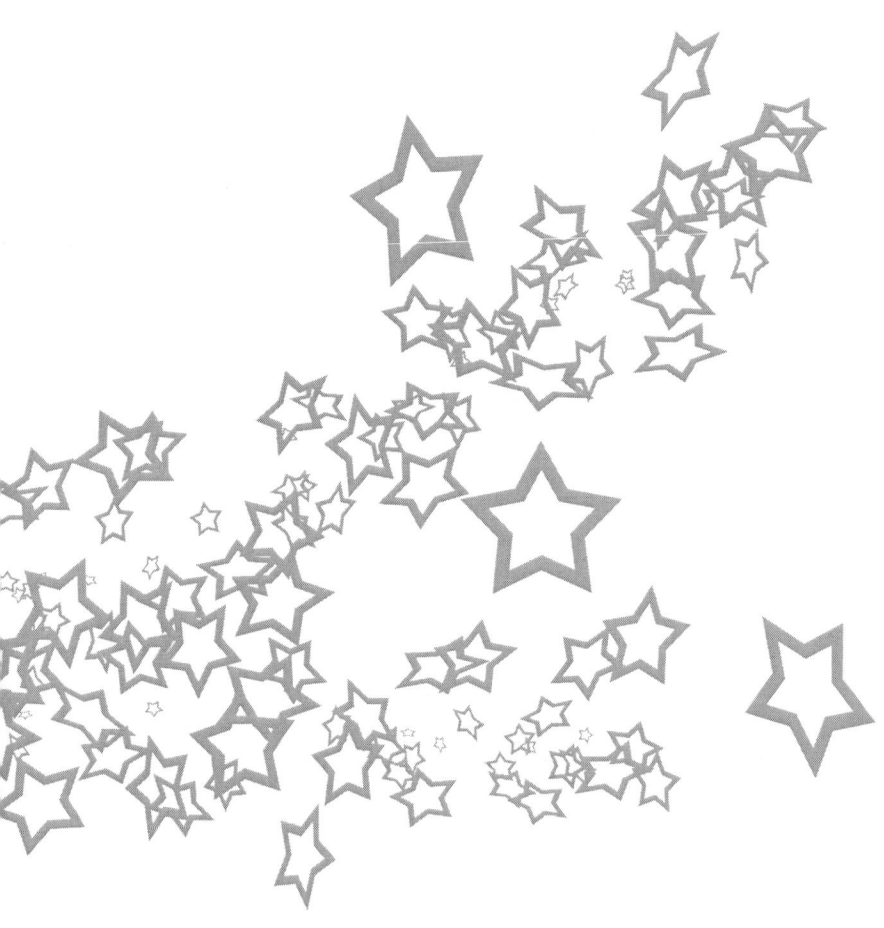

Bei den Menschen gibt es diejenigen, die Katzen sehr lieben, aber keine Hunde mögen. Desgleichen gibt es Hundehalter und Hundeliebhaber, die Katzen nicht gerne sehen. Zum Glück gibt es aber auch ganz viele Menschen, die sowohl Hunde als auch Katzen, sowie Pferde, Mäuse, Leguane und überhaupt alle Tiere schätzen.

Von Katzen sagt man, dass sie mit Hunden nicht auskommen können. Von Hunden wird behauptet, sie hätten Katzen zum fressen gerne. Ich glaube, dass Vorurteile und pauschale Wertungen niemandem etwas bringen, weil es nach meiner Sicht eine ganz individuelle Angelegenheit zu sein scheint. Unser Hund Camillo lebte Zeit seines Lebens mit unseren Katzen in Frieden und Harmonie zusammen. Ganz besonders mit unserem Kater Carlo verband ihn eine innige Zuneigung. Camillo seinerseits wurde nach seinem Tod von unseren Katzen Zino und Balou schmerzlich vermisst. Und so gibt es viele Familien, in denen Hunde und Katzen friedlich zusammenleben, sich gut verstehen und das Leben ihrer Menschen bereichern. Dennoch gibt es Katzen, die keine Hunde mögen. Feli ist eine davon. Ich habe sie gebeten zu erzählen, warum das so ist. Es ist ihre ganz persönliche Geschichte.

FELI:

Ach, dieses leidige Thema. Frauchen hat gesagt, ich soll darüber berichten, damit ihr verstehen könnt, warum es zu derartigen Abneigungen kommen kann. Es sind meistens Missverständnisse, die dazu führen. Und nach dem Missverständnis kommt meist Sturheit dazu und Ablehnung, das wieder ändern zu wollen. Ich will versuchen, etwas über Hunde zu erzählen, ohne zu negativ zu sein.

Bis ich zu meinen Menschen kam, hatte ich noch keinen Kontakt zu Hunden gehabt. Dort schließlich, in meinem neuen Zuhause, lebten Katzen, die von einem Hund

berichteten, der offensichtlich ihr Freund gewesen war. Seine Energie war noch zu spüren und sie fühlte sich gut an, wirklich gut.

Eigentlich müsste an dieser Stelle eine andere Katze berichten, wie angenehm es sein kann, mit einem Hund zusammenzuleben. Ich kann leider nur davon berichten, wie man durch die Begegnung mit einem Hund wahrhaft traumatisiert werden kann. Bevor ich zu diesem für mich so unangenehmen Zusammentreffen komme, möchte ich kurz über mich berichten. Ich bin, so sagt jeder, ein neugieriges Wesen. Ich bin nicht übermäßig vorsichtig, aber ich suche auch nicht unbedingt die Gefahr. Bei aller Neugier lasse ich dennoch eine gewisse Besonnenheit walten. Ich habe von allem etwas, bin gerne vorne mit dabei und vertraue auf das, was meine Menschen mir vermitteln. Hier, wo ich lebe, gibt es viele Hunde. Ich sehe sie, wenn sie an unserem Grundstück vorbei laufen. Manche hängen an einer Leine, andere laufen frei herum. Egal wie sie bei uns vorbei laufen, ich bin jedes Mal froh, wenn sie aus meinem Blickfeld wieder verschwunden sind. Das war schon immer so und liegt wohl daran, dass ich ihre Bewegungen und die Geräusche, die sie machen, schwer einschätzen kann. Es kamen allerdings auch schon Katzen zu uns in den Garten, die mir keine Freude bereitet haben. In solchen Fällen hat es sich oftmals bewährt, dass ich so schnell bin und flitzen kann.

Genau diese Schnelligkeit hat mir vermutlich das Leben gerettet, als ich mein ganz persönliches Fiasko mit einem Hund erlebte. Dieser Hund gehörte einer Freundin von Frauchen und die Beiden waren – lang ist's her – bei uns zu Besuch gewesen. Die Zeit der Verabschiedung fiel in die beginnende Dunkelheit und gerade in dem Augenblick, in dem dieser Hund aus der Haustür trat, kam ich von einem Ausflug nachhause. Normalerweise hätte ich mich nur kurz unters Auto gesetzt und abgewartet, bis die Luft wieder rein ist. Aber dazu kam ich gar nicht, denn *der Hund wurde bei meinem Anblick plötzlich von einem Anfall von Jagdtrieb übermannt und jagte in hohem Tempo hinter mir her. Dabei kam er mir so nah, dass ich seinen Atem im Nacken gespürt habe. Ich sage euch, das war alles andere als angenehm. Ich hatte Todesangst und rannte regelrecht um mein Leben. Der Hund konnte zum Glück schnell durch sein Frauchen zurückgerufen werden, aber der Schaden war bereits angerichtet, denn nicht nur, dass ich damals lange brauchte, um wieder zu alter Gelassenheit zurückzufinden, seitdem bin ich auch nicht mehr gut auf Hunde zu sprechen und seien sie noch so lieb. Da könnt ihr mir erzählen was ihr wollt, in diesem Leben werde ich mit Hunden keine Freundschaft mehr schließen, sehr zum Kummer von Frauchen, die mir versprechen musste, keinen Hund ins Haus zu holen, so lange ich bei ihr lebe.*

Meine Abneigung gegen Hunde bedeutet allerdings nicht, dass die anderen Katzen, die bei uns leben, ebenfalls keine mögen. Es kommt doch immer darauf an, welche Erfahrungen ein jedes Wesen in seinem Leben gemacht hat. So steht das Thema Hund und Katze an dieser Stelle stellvertretend für so viele Themen, die ein ungutes Gefühl vermitteln können. Jeder schaut aus seiner Sicht auf etwas und drückt dem Ganzen seinen persönlichen Stempel auf. Wenn jeder sich genau dessen bewusst ist, kann er ganz leicht erkennen, dass seine Erkenntnis mehr mit ihm selbst, denn mit dem Thema zu tun hat. Das, so empfinde ich es, sollte ich euch auch noch wissen lassen. Ein jeder hat sein ganz persönliches Trauma, bei dem einen sind es Hunde, bei einem anderen sind es Spinnen. (Danke Feli, dass du mich daran erinnerst.) Im Gegensatz zu mir, dürft ihr aber weise(r) handeln und dem Thema eine Chance geben. Ich gebe zu, da bin ich stur, aber ich hoffe, dass ihr es mir nachsehen könnt.

Ich kann das auf jeden Fall, liebe Feli.

Tipp:

Sollten Sie Katzenhalter sein und Hundehalter in Ihrem Freundeskreis haben, so scheuen Sie sich nicht, diese samt Hund zu sich einzuladen. Dies natürlich nur, wenn es sich bei dem Hund um ein katzenfreundliches Exemplar handelt. Auf diese Weise kann die Katze positive Erfahrung mit Hunden sammeln und ihren Horizont erweitern. Achten Sie aber bitte darauf, dass nicht nur der Hund freundlich zur Katze, sondern auch die Katze freundlich zum Hund ist. Denn mancher gutmütige Hund musste sich schon von einer frechen Katze so einiges gefallen lassen.

Sollten Sie Hundehalter sein, dann bitte ich Sie, Ihren Hund nicht gezielt dazu aufzufordern, hinter Katzen herzujagen (natürlich auch nicht hinter anderen Tieren). Hier wäre es schön, wenn der Hund bereits als Welpe positive Erfahrungen mit Katzen machen dürfte – was, ich gebe es zu, bei manchen Katzen nicht einfach ist.
Versuchen Sie immer, egal ob Sie Katzen- oder Hundehalter sind, dem Tier positive Begegnungen mit der „Gegenseite" zu ermöglichen.

Wichtig scheint mir auch, zu ergründen, wo eigene Urteile/Vorurteile oder negative Erfahrungen das Leben erschweren. Vielleicht bzw. ganz sicher gibt es den einen oder anderen Menschen oder das eine oder andere Tier, mit dem Sie eine unschöne Begegnung hatten. Wenn Sie mögen, dürfen Sie dieses Erlebnis jetzt loslassen. Geben Sie ihm einfach nicht mehr so viel Kraft und dadurch Macht, über Sie zu herrschen. Versuchen Sie zu erkennen, was Ihnen diese Erfahrung gebracht hat, oder was Sie durch diesen Menschen/dieses Tier erkennen durften. Keine Erfahrung ist ja **n u r** schlecht. Jede Erfahrung birgt in sich ja auch immer die Möglichkeit daran zu wachsen! Wäre das jetzt nicht eine schöne Gelegenheit, damit zu beginnen?

Andere wichtige Themen des Lebens

Was bedeutet Freiheit für Katzen?

Da Feli sich mir als sehr freiheitsliebend gezeigt hat, interessiert mich natürlich, was Freiheit für sie bedeutet. Ich habe schon eine gewisse Ahnung, dass das, was der Mensch als Freiheit betrachtet, etwas ganz anderes ist, als das, was eine Katze darin sieht. Ich dachte früher oft – und bin auch heute noch nicht vollkommen frei von diesem Gedanken – dass ich frei bin, wenn ich genug Geld habe. Wie trügerisch. Und doch ist Freiheit für viele Menschen mit Besitz und einem gut gefüllten Konto verbunden. Warum das wohl so ist? Ich glaube zu ahnen, dass es in der westlichen Welt nur sehr wenige wirklich freie Menschen gibt. Die Zwänge, die uns auferlegt werden und die wir uns selbst auferlegen, sind in hoher Zahl vorhanden. Aber es ist jederzeit möglich, davon Abstand zu nehmen und eine neue Form von Freiheit kennenzulernen. Vielleicht vermag Feli diesbezüglich Hilfestellung zu leisten?

FELI:

Freiheit ist ein großes Wort für den Menschen. Es ist ein Wort, dem sehr, sehr viel Bedeutung beigemessen wird, die jedoch in den seltensten Fällen im Leben auch entsprechenden Ausdruck findet. Das mag unter anderem daran liegen, dass ihr es vorzieht, etwas in der Theorie zu erklären, anstatt es in der Wirklichkeit zu erfahren. Für mich und meine Katzenfreunde verhält es sich genau umgekehrt. Wir erfahren das, was ihr Freiheit nennt, ohne dass wir uns groß Gedanken darüber machen. Trotzdem will ich versuchen, das in Worte zu fassen, damit ihr mich besser verstehen könnt.

Freiheit ist wichtig, für jedes Individuum, für Tiere, für Menschen, für Pflanzen, für alles was beseelt ist. Menschen suchen die Freiheit im Außen – oft ohne großen Erfolg. Katzen wie ich finden die Freiheit im Außen. Vorher habe ich sie aber schon in meinem Inneren kennenge-

lernt, ohne dass ich mir dessen bewusst bin, also ohne, dass ich groß darüber nachdenken muss. Einfach nur, indem ich ganz ich selbst bin.

Ich nehme mir viele Freiheiten. Unter anderem die, mich so auszudrücken, wie es mir beliebt. Keiner soll mich daran hindern. Das macht mich nämlich wütend. Meine Menschen kennen das. Sie wissen, dass ich es deutlich zeige, wenn sie mich bei einer Handlung stören, die mir gerade wichtig ist.

Zurück zu dem, was Freiheit für mich, die Katze Feli, bedeutet. Sehr viel bedeutet sie mir und wiederum nichts. Es ist mir wichtig, dass ich sie nicht so wichtig nehme, sondern sie vielmehr wirken lasse, wenn sie wirken will. Freiheit ist nicht nur ein Lebensgefühl, so wie ihr euch das vorstellt. Ihr denkt, wenn ihr aufbrecht zu Zielen, die fern liegen, wenn ihr Taten vollbringt, die sonst keiner tut, wenn ihr das tut, was euch gerade in den Sinn kommt, das ist Freiheit. Ja, das mag durchaus stimmen. Auch ich sehe das zum Teil so. Wenn ich nichts in mir zurückhalte, was sich den Weg nach draußen bahnen möchte, das empfinde ich, wie ihr, als Freiheit.

Und doch gibt es da noch einen Unterschied. Ich denke nämlich nicht darüber nach, ich nehme mir die Freiheit zu tun, was ich fühle und was „raus" will. Freue ich mich, zeige ich das deutlich, indem ich, wie vor ein paar Tagen geschehen, durch den tiefen Schnee wetze und dabei immer schneller werde. Es hat sich angefühlt wie über kalte Watte zu laufen. Freiheit ist für mich aber auch, wütend zu sein, wenn ich wütend bin und traurig, wenn ich traurig bin. Freiheit ist für mich, dass ich mein wahres Wesen zeige und mich nicht so darstelle, wie ihr mich vielleicht gerne hättet. Freiheit bedeutet für mich, dass ich mich annehmen kann. Freiheit ist aber auch das Gefühl, nichts tun und nichts beweisen zu müssen. Freiheit hat dennoch nicht zwangsläufig etwas mit Unabhängigkeit zu tun. Ich bin zum Teil von meinen Menschen abhängig, nehme mir jedoch die Freiheit, dabei frei zu sein, denn meine Frei-

*heit, wie ich sie fühle, kommt aus meinem Herzen, daher wo ich mit meinem Ursprung verbunden bin, daher, wo mein Licht am hellsten leuchtet. Dass ich die Verbindung dorthin spüren kann, **d a s** ist für mich Freiheit!*

Das, was vielen Wesen widerfährt, dass sie sich nämlich in einem inneren Gefängnis befinden, macht Freiheit unmöglich. Dann könnt ihr in eurem Leben reisen wohin ihr wollt, ihr werdet nirgendwo auch nur den Hauch von Freiheit erfahren. So lange ihr glaubt, dass andere besser sind als ihr, seid ihr gefangen in euch selbst.
Freiheit ist nicht immer das, was ihr in das Wort hinein interpretiert. Freiheit ist ganz einfach, für viele Menschen aber trotzdem sehr schwer. Wenn ich es abkürzen wollte, könnte ich es so erklären, dass Freiheit entsteht, wenn ihr immer bei euch selbst bleibt. Wenn ihr im Herzen frei seid, könnt ihr das überall sein, sogar wenn ihr irgendwo eingesperrt seid. Ich weiß das, denn manchmal bin ich eingesperrt, nicht mit Absicht, aber es passiert hin und wieder, dass ich blitzschnell und unbemerkt in einen offenen Schrank husche und dann dort eingesperrt werde. Ganz ehrlich, das finde ich nicht so schlimm, wie es sich vielleicht anhören mag. Ich finde es sogar lustig. Es ist ein Spiel. Ich bin nicht wirklich gefangen, weil ich mich trotzdem frei fühle. Ich kann nur für einen Moment nicht mehr aus dem Schrank heraus. Ihr könntet das vergleichen mit Situationen, in die ihr immer wieder kommt, wenn etwas in eurem Leben nicht so läuft, wie ihr es euch vorstellt. Gerade noch war eure Welt in Ordnung und plötzlich wird es dunkel um euch herum. Das kennt ihr sicher, nicht wahr? In solchen Momenten mache ich mir meine innere Freiheit bewusst und betrachte das Ganze als ein Spiel, das mich irgendwann zurück auf meinen eigentlichen Weg bringt. Wird mir das Spiel zu blöd, rufe ich nach meinen Menschen und spiele außerhalb des Schranks weiter.

Es ist also das innere Gefühl von Freiheit, das Freiheit überhaupt erst entstehen lässt. Dieses Gefühl ist, soweit ich das erfahren durfte, in jeder Katze vorhanden. Auch in denen, die niemals eine Pfote vor die Tür ihres Zuhauses setzen. Sie leben ihre Freiheit auf eine Art und Weise aus, die ihnen dort, wo sie leben, möglich wird. Wir sind immer frei, macht euch darum keine Sorgen. Freiheit ist uns immens wichtig. Wir leben sie, unabhängig von Raum und Zeit. Sie scheint in unseren Genen angelegt zu sein und es ist uns unmöglich, sie nicht zu spüren. Freiheit ist keine Lebenseinstellung, sie ist in uns. Sie ist da. Wir Katzen können sie spüren und tun es auch. Wie immer wir sie ausdrücken mag unterschiedlich sein, doch sie ist ein fester Bestandteil von uns.

*Wer versucht, die Freiheit in uns und die Art, wie wir sie ausdrücken und leben, zu beschneiden, ist kein wirklicher Freund. Vielmehr zeigt uns das die eigene nicht gelebte Freiheit desjenigen, der uns behindert. Es ist **d e r** frei, der seine innere Stimme nicht ignoriert und ihr folgt, wohin auch immer sie ihn führen mag. Und auch der ist frei, der anderen ihre Freiheiten lässt, unabhängig von seiner eigenen Einstellung. Denn das, was du anderen gibst, das, was du anderen gönnst, ist immer bereits reich in dir selbst vorhanden. Das, was du anderen absprichst, drückt deinen ganz persönlichen Mangel aus. Wenn du also unterdrückst und die Freiheit von anderen beschneidest, bist du in dir selbst gefangen. Befreie dich und du wirst Freiheit spüren.*

Ich muss gestehen, ich brauchte eine Weile, bis ich vollkommen verinnerlicht hatte, wie genau Feli das meint, mit dem was sie über die Freiheit gesagt hat. Die persönliche Freiheit zu leben, ist immer ein Ausdruck seiner selbst. Sie ist vorhanden, wenn **d a s** Ausdruck findet, was man wirklich empfindet.

Authentisch zu sein steht demnach also für Freiheit, zu lachen, wenn einem nach Lachen ist, auch wenn das sonst keiner tut oder zu weinen, selbst wenn man sich in Gesellschaft von vielen Menschen befindet. Sich demnach nicht zu schämen, für die eigene Handlung, denn sie ist ja immer (r)echt und der (r)echte Ausdruck macht frei.

Tipp:

Definieren Sie den Begriff Freiheit für sich selbst. Was ist für Sie der Inbegriff von Freiheit? Freiheit ist, wie Feli beschrieben hat, ein inneres Gefühl. Sie können sich dieses Gefühl jederzeit gegenwärtig machen. Wenn Freiheit für Sie ein bestimmter Ort ist, so können Sie sich täglich an diesen inneren Ort der Freiheit begeben und dort Kraft tanken. Sie können gemeinsam mit Ihrer Katze zu diesem inneren Ort gehen und dort verweilen. Sie können sich auch den inneren Ort der Freiheit Ihrer Katze „zeigen lassen". Während einer gemeinsamen Meditation mit Ihrer Katze können Sie sich dorthin begeben und ihre gegenseitige Freiheit in vollen Zügen genießen.

Wie eine solche Reise an den Ort der Freiheit möglich werden kann, möchte ich hier kurz beschreiben:
Richten Sie sich eine Zeit des Tages/der Woche so ein, dass Sie nicht gestört werden. Dann begeben Sie sich in einen Raum, in dem Sie und Ihre Katze(n) sich wohl fühlen. Wenn Sie mögen können Sie eine schöne CD laufen lassen, z. B. mit Naturgeräuschen, Meeresrauschen, etc.. Suchen Sie sich einen bequemen Platz und lassen Sie die Katze sich ebenfalls einen schönen Platz aussuchen. Sobald Sie und Ihre Katze es sich gemütlich gemacht haben, schließen Sie die Augen. Machen Sie sich ab sofort keine Gedanken mehr über Ihre Katze, diese wird sich von Ihrer eigenen Entspanntheit gerne anstecken lassen.

Nachdem Sie die Augen geschlossen haben, begeben Sie sich innerlich an Ihren ganz persönlichen Ort der Freiheit. Stellen Sie sich diesen Ort ganz real vor. Vielleicht gibt es diesen Ort, vielleicht möchten Sie sich einen ganz eigenen Ort erschaffen. Sobald Sie innerlich an diesem Ort angekommen sind, lassen Sie sich dort nieder. Schauen Sie sich um, ob Ihre Katze ebenfalls mitgekommen ist. Falls nicht, bitten Sie Ihre Katze in Ihren inneren Raum der Freiheit zu kommen. Sollte sie nicht kommen wollen, so lassen Sie es einfach zu. Vermutlich möchte sie in diesem Fall lieber in ihrem eigenen inneren Raum sein.

Nehmen Sie nun die Schönheit Ihres inneren Raumes ganz bewusst wahr. Lassen Sie alles auf sich wirken und spüren Sie, wie Sie immer ruhiger werden. Achten Sie dabei auf Ihren Atem und stellen Sie sich vor, wie Sie mit jedem Atemzug die Kraft der Freiheit aufnehmen. Atmen Sie diese Kraft von Kopf bis Fuß ein. Stellen Sie sich vor, wie in Ihnen das Gefühl von Freiheit und Leichtigkeit mehr und mehr wächst. Sehen Sie auch, wie Ihre Katze diese Kraft mit jedem Atemzug in sich aufnimmt. Wenn Sie und Ihre Katze sich vollkommen mit der Kraft der Freiheit aufgefüllt haben, lassen Sie Ihren Blick wieder über Ihre innere Landschaft schweifen. Machen Sie sich noch einmal Ihren inneren Raum der Freiheit bewusst. Werfen Sie einen Blick auf Ihre Katze und schauen Sie, wie es ihr geht.

Nachdem Sie beide den wunderbaren inneren Raum noch einen Augenblick genossen haben, erheben Sie sich und begeben sich gemeinsam zurück in den Raum, von dem aus Sie gestartet sind. Nehmen Sie sich genügend Zeit, dort wieder ganz und gar anzukommen und schauen Sie, ob auch Ihre Katze wieder voll und ganz da ist. Legen Sie noch für einen Moment die Hand auf den Rücken der Katze und freuen Sie sich daran, dies gemeinsam mit Ihr erlebt haben zu dürfen, egal ob sie mit Ihnen „unterwegs" war oder nicht.

Sollten Sie nicht der Typ sein für mentale „Reisen", so können Sie einfach nur, gemeinsam mit Ihrer Katze, einige stille Mo-

mente erleben, in denen Sie bewusst tief und ruhig den Gedanken „Freiheit" ein- und ausatmen.
Beenden Sie die gemeinsame Meditation /das gemeinsame Innehalten mit der Affirmation: „Ich darf jederzeit und überall meine ganz persönliche Freiheit erleben."

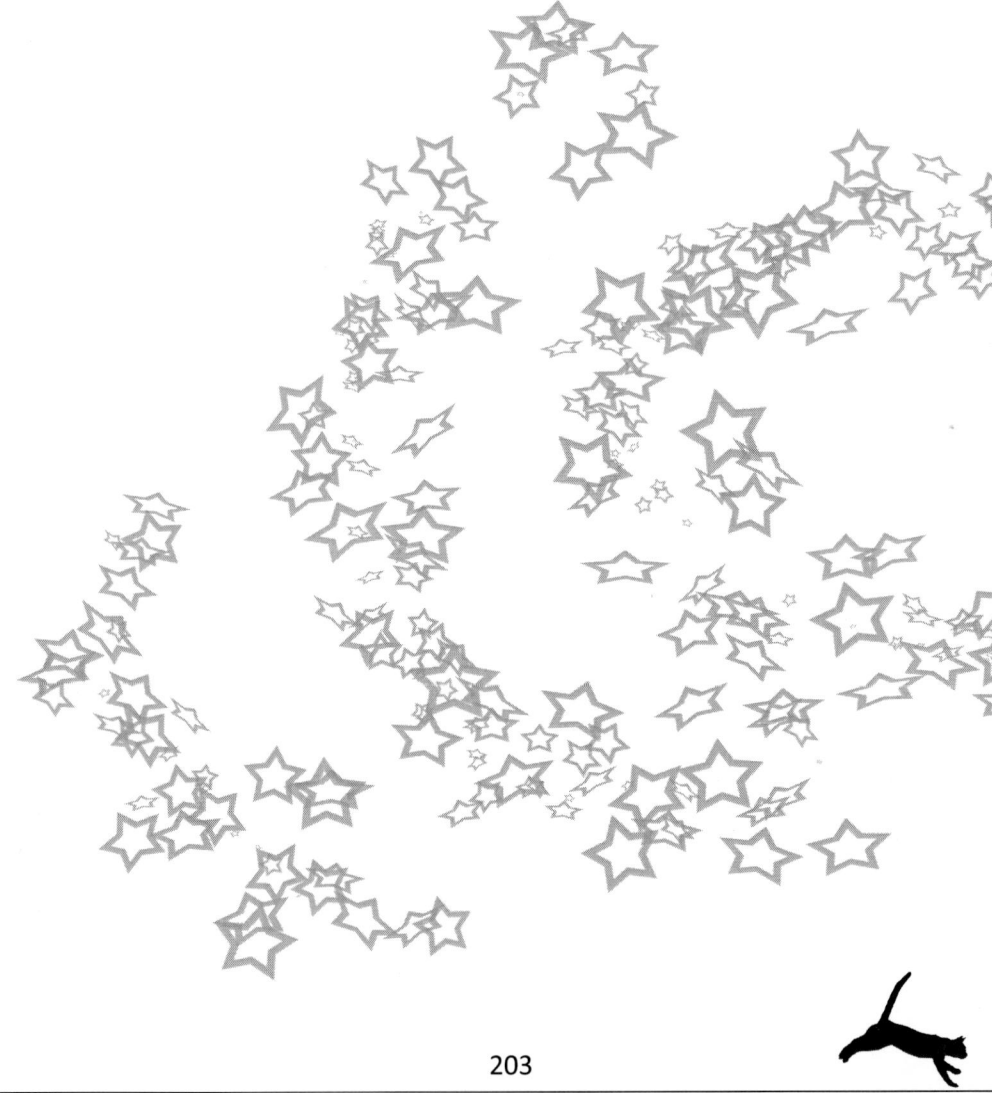

Andere wichtige Themen des Lebens

Was bedeutet Schönheit für Katzen?

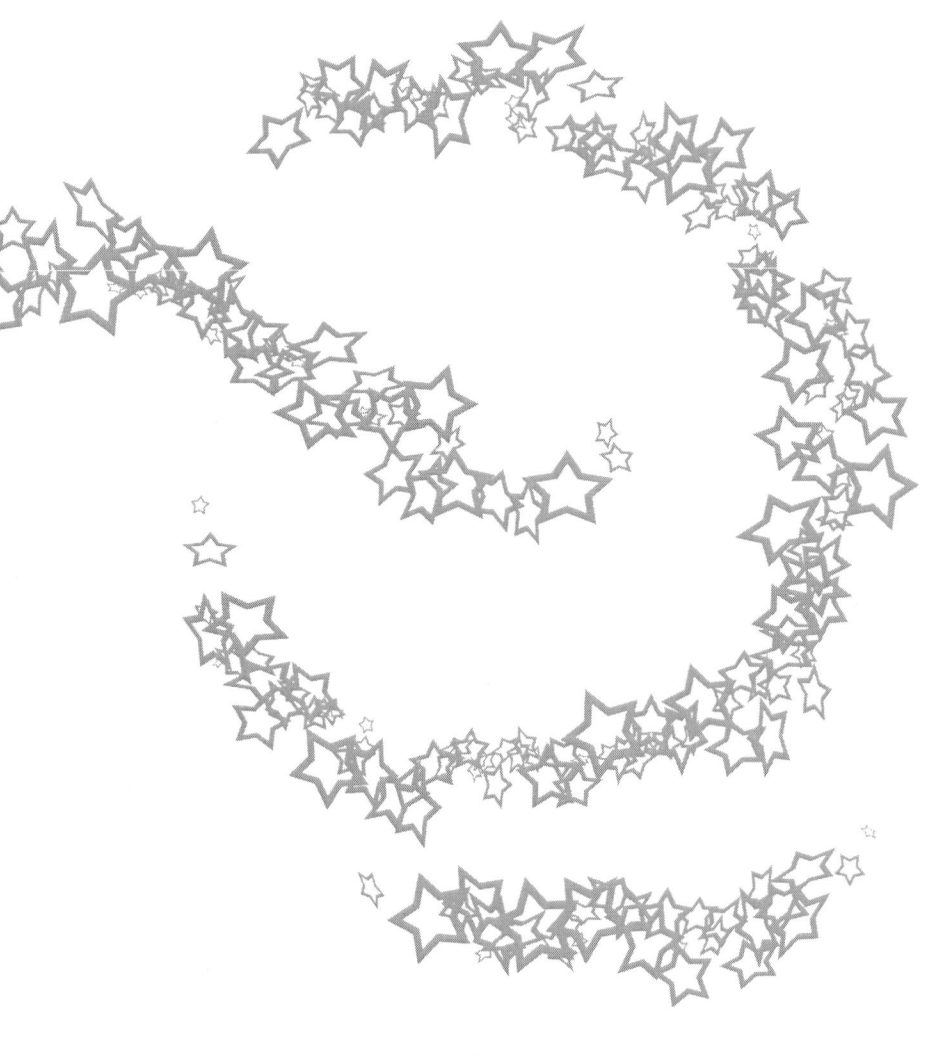

Da wir in einer Welt leben, die sehr auf Äußerlichkeiten bedacht ist, fällt mir natürlich zum Thema Schönheit erst einmal das Äußere der Katze ein. Ich bin sicher ein wenig voreingenommen wenn ich behaupte, dass Katzen zu den schönsten Lebewesen überhaupt zählen. Egal zu welcher Tages- oder Nachtzeit, sie sehen jederzeit perfekt aus. Während ich im Laufe der Jahre täglich immer mehr Zeit darauf verwenden muss, um mit meinem Spiegelbild zufrieden zu sein, strecken sich meine Katzen nach dem Aufstehen nur kurz und sind dennoch ein optischer Genuss.

Das ist aber nur eine Seite der Schönheit von Katzen. Ich will mich jedoch beim Thema Schönheit nicht nur auf die äußere Form der Katzen beschränken, denn man kann die Schönheit eines Lebewesens nicht nur nach den äußeren Merkmalen beurteilen. Außerdem hat sowieso jeder ein anderes Schönheitsideal, was sich bei Katzen zum Beispiel in bestimmten Fellfarben, Figuren, Größen und so weiter zeigen kann.
Für mich ist schön, was sowohl mein äußeres als auch mein inneres Auge gleichermaßen erfreut. Jeder Anblick, der mein Herz wärmt, ist für mich immer auch mit Schönheit verbunden. Schönheit kann all das sein, was positiv auf jemanden wirkt. Denken Sie nur an die vielen unterschiedlichen Landschaften, die es auf dieser Welt gibt. Da gibt es nicht nur **d i e** eine, die man als schön bezeichnen kann. Jede einzelne davon kann das Herz berühren. Und selbst die Landschaft, die unserem Herzen nicht nahe ist, kann für einen anderen dennoch von vollkommener Schönheit sein.
Zur Schönheit fällt mir der Spruch ein: „Über Geschmack lässt sich nicht streiten". Das, was man selbst als schön empfindet, hat, wie alles andere auch, immer etwas mit den persönlichen Themen zu tun. Deswegen interessiert mich natürlich, was Schönheit für Katzen bedeutet.

FELI:

Schönheit ist für mich kein großes Thema. Sie bedeutet für mich vielmehr etwas ganz normales, denn Schönheit ist in allem. Ihr seht sie nur viel zu oft gar nicht. Ich möchte euch dazu ein Beispiel geben: Wenn euer Zuhause – vermeintlich – schmutzig ist, seid ihr nicht mehr in der Lage, dessen Schönheit dahinter zu sehen. Nun beginnt ihr mit Saubermachen und Aufräumen, bis alles wieder so ist, wie ihr es als schön und angenehm empfindet. Dennoch wird euch die wirkliche Schönheit eures Heimes immer noch nicht bewusst, denn nun achtet ihr viel zu sehr darauf, dass es erst einmal nicht mehr schmutzig wird. So findet ihr zwar tausend Wege, den Blick auf das Schöne zu verpassen, aber nur wenige Wege, diese auch zu sehen. Wie so oft, vermögt ihr hauptsächlich auf das Außen zu schauen und seht nicht, die „Seele" die in allem Schönen enthalten ist. Ihr verbindet Schönheit mit Materie – mit einem schönen Sessel, mit einem extravaganten Teppich, mit Schnick und Schnack.

Aber es wird nur d i e Schönheit euch wirklich erreichen, sowohl innerlich als auch äußerlich, die ihr auch fühlen könnt.

Das, was sich schön anfühlt – und damit meine ich nicht den Tastsinn – das ist wahre Schönheit. Sicher hat ein jeder von euch schon erlebt, wie (s)eine Katze im größten Chaos friedlich und entspannt schlief und sich nicht von vermeintlicher Unordnung stören ließ. Schönheit kann, so empfinde ich es, erst dann entstehen, wenn der Blick sich von Äußerlichkeiten entfernt. Eigentlich kann Schönheit nur gefühlt und selten gesehen werden. Versucht doch einmal mit geschlossenen Augen einen Raum zu betreten und seine Schönheit zu spüren. Ihr werdet euch wundern. Ist ein Raum von Liebe durchdrungen, sind die darin vorhandenen Möbel mit Freude ausgewählt, wird dort ein liebevoller Umgang gepflegt, dann werdet ihr

diesen Raum als schön empfinden, egal ob dort Designer-
möbel oder Möbel vom Sperrmüll stehen.
Herrschen Kälte, Unfrieden und Sorge, dann können auch
die teuersten Möbelstücke kein Ambiente von Schönheit
und Wohlbehagen schaffen. Raum ist nicht nur in der
kleinsten Hütte, die Hütte kann auch mit Obstkisten möb-
liert sein, solange sie nur mit Liebe und Achtsamkeit auf-
gestellt wurden. Ich ziehe es sowieso vor in einem Papp-
karton zu ruhen, anstatt in einem teuren Nobelkörbchen.
Der Pappkarton kann viele spannende Geschichten er-
zählen, denen ich nur zu gerne lausche. Das teure Körb-
chen fühlt sich meist traurig und kalt an. Da hilft dann
nur noch, ein altes Lieblingsdeckchen hinein zu legen.

Versteht ihr was ich meine mit der wahren Schönheit?
Vergesst alle Schönheitsideale, die ihr euch mühsam auf-
gebaut habt und die sich ständig wandeln. Sie scheinen
sowieso nicht von langer Lebensdauer zu sein. Heute so,
morgen so. Das ist typisch. Das, was wirklich schön ist,
bleibt es für immer. Die Rose, die im Garten blüht, der
Baum, der jedes Jahr aufs Neue seine Pracht entfaltet,
der See, der in der Sonne glitzert, sie alle verlieren ihre
Schönheit nie. Das ist Schönheit, die unvergänglich ist.
Das ist wahre Schönheit für mich.
Auch bei diesem Thema gilt es, den Blick auf das We-
sentliche zu richten, auf das wahre Wesen, nicht auf die
Verkleidung im Außen. Uns Katzen, und auch allen an-
deren Tieren, könnt ihr Menschen nichts vormachen. Wir
erkennen, ob ihr wirklich schön seid oder nicht. Es nützt
euch nichts, wenn ihr euch in Samt und Seide hüllt, euch
bemalt oder sonstwie aufzuwerten versucht. Wir sehen
immer euer wahres Selbst dahinter. Vielleicht versteht
ihr nun, warum wir euch immer lieben können und nicht
nur dann, wenn ihr Stunden vor dem Spiegel verbracht
habt. Für uns müsst ihr nicht hungern, euch nicht quälen,
denn egal wie ihr ausseht, wir vermögen immer denje-
nigen wahrzunehmen, der ihr wirklich seid. Wir erken-

nen das Echte in euch. Und genauso wollen auch wir ge-
sehen werden. Wir lieben es zwar ebenso, wenn ihr
wohlwollend unseren Pelz betrachtet, doch noch mehr
schätzen wir es, wenn ihr das Wesen sehen könnt, das
im Pelz steckt. Schaut ihr genau hin, dann seht ihr wie
schön wir wirklich sind, egal ob unser Fell struppig ist
oder seidig glänzend, egal ob uns ein halbes Ohr fehlt
oder das Bäuchlein zu dick ist. Wir sind immer die glei-
chen wunderschönen Wesen. So und nur so sehen wir
Schönheit. Wir lassen uns nicht beeindrucken. Wir wis-
sen, dass ein jedes Wesen schön ist auf seine Weise. Es
gibt auch keinen der schöner ist als ein anderer, es sei
denn, ihr möchtet das so sehen. Wenn ihr ein Wesen als
besonders schön empfindet, dann immer dann, wenn es
euer Herz in einer ganz besonderen Weise zu berühren
vermag. Ein schönes Fell alleine kann das nicht, aber ein
schönes Herz schon. Drum schaut in die Herzen. Nicht
nur in die der Wesen um euch herum, sondern auch in die
Herzen eurer Häuser, eurer Schränke, eurer Autos. Be-
trachtet alles mit einem ganz besonderen Blick. Erkennt
in der Pflanze, die in eurem Garten wächst, das Wesen
der Heilung. Erkennt in dem Stein, der in eurer Garten-
erde verborgen liegt, die Kraft. Wenn ihr in allem das Be-
sondere sucht, werdet ihr Schönheit finden. Wenn nicht,
könnt ihr euer ganzes Vermögen ausgeben, ohne auch
nur den Hauch von Schönheit zu entdecken.

Dieser Aspekt, den Feli da angesprochen hat, ist mir bekannt.
Mit Liebe auf die Dinge zu schauen, lässt sie in ihrem ganz eigenen Glanze erstrahlen. Ich persönlich empfinde es als sehr angenehm zu wissen, dass meine Katzen sich nicht an Äußerlichkeiten orientieren. Sie lieben mich, so wie jede Katze ihren
Menschen liebt, egal ob er in ausgeleierten Jogginghosen um-
her läuft oder im Maßanzug und Krawatte. Die Jogginghosen

würden sie vermutlich sogar bevorzugen, denn auf diesen stören weder Haare noch durch liebevolles „Treteln" entstandene Löcher.

Tipp:

Erstellen Sie von den Katzen/Tieren, mit denen Sie zusammenleben, ein „Seelenbild", das die wahre Schönheit des Tieres zum Ausdruck bringen darf. Dieses Seelenbild ist dann kein Ebenbild Ihres Tieres, sondern ein Ebenbild von dessen innerer und somit dessen wahrer Schönheit. Wenn Ihre Katze ein sanftes und verschmustes Wesen ist, könnte auf dem Bild ein rosafarbenes Herz zu sehen sein oder eine von der Sonne beschienene Blumenwiese. Ist Ihre Katze ein quicklebendiger Wildfang, dann zeigt ihr Seelenbild vielleicht einen Wasserfall über dem sich ein Regenbogen gebildet hat. Sie können solch ein Bild selbst malen, oder eine Collage erstellen, indem Sie Fotos aus Zeitschriften ausschneiden. Oder Sie (be)schreiben in eigenen Worten die wahre innere Schönheit Ihres Tieres. Und wenn Sie mögen, dann können Sie alles um sich herum mit ganz neuem Blick betrachten und ein „inneres Fotoalbum" der wahren Schönheit aller Wesen und Dinge anlegen, die Sie umgeben.
Dabei wünsche ich Ihnen schon jetzt ganz viel Freude!

Andere wichtige Themen des Lebens

Was bedeutet Zeit für Katzen?

In den vielen Kommunikationen mit Tieren – egal ob verstorben oder lebend – die ich durchgeführt habe, kam immer wieder auch ein Hinweis auf das Thema „Zeit". Offensichtlich „wissen" alle Tiere, dass Zeit ein von Menschen gemachter Begriff ist. Die häufigsten Aussagen zum Thema Zeit lauten, dass Zeit eine Illusion ist und so, wie wir sie kennen, nicht wirklich existiert. Das ist das eine. Das andere ist der Umgang mit dem, was wir Zeit nennen.

Deshalb wollte ich von Feli wissen, was sie dazu zu sagen hat.

FELI:

Zum Glück lautet die Frage, was Zeit für uns Katzen bedeutet, und nicht, was Zeit generell bedeutet, beziehungsweise, wie Zeit verstanden wird oder werden soll. Obwohl ich auch davon meine ganz eigene Vorstellung habe.

Das Thema kann schwierig sein, wenn man mit menschlichen Wertvorstellungen denkt, aber einfach werden, wenn man eine Katze ist. Wir passen uns auf unsere Weise dem an, was ihr als Zeit bezeichnet. Eure Zeitvorstellungen können von uns durchaus umgesetzt werden, zum Beispiel, indem wir zu einer bestimmten (Uhr)Zeit in unser Zuhause kommen, weil ihr das so wünscht oder auch, weil wir selbst es so wünschen. Wir tun das sogar meistens gerne, denn wir lieben es, unserem Menschen eine Freude zu bereiten. Oft tun wir es auch, weil wir bestimmte Wünsche haben. So kommen wir zum Beispiel zu einer bestimmten Zeit, weil wir wissen, dass Fütterungszeit ist. Oder wir kommen zu einer bestimmten Zeit, weil wir wissen, dass es dann ruhig ist im Haus und wir ungestört schlafen können. Oder wir kommen zu einer bestimmten Zeit, weil genau zur gleichen Zeit ein gelieb-

ter Mensch nachhause kommt. *Dies wissen wir nicht, weil wir auf die Uhr schauen und die Uhrzeit erkennen können. Nein, wann ein von uns geliebtes Wesen heimkommt, spüren wir im Herzen. Dort ist unsere innere „Nachrichtenzentrale" oder unsere „innere Uhr", die aber keine Zeiger hat, sondern deren Rhythmus von unserer Herzenskraft angetrieben wird.*

An diesen Beispielen könnt ihr sehen, dass wir durchaus auch ein Gefühl für „Zeit" haben, wobei die Betonung hier auf „Gefühl" liegt.

Wir würden das, was ihr Zeit nennt, vermutlich nicht als Zeit bezeichnen, sondern als etwas anderes, wofür mir aber gerade kein Name einfällt. Am ehesten würden wir es einen wichtigen und besonderen Moment nennen. Auch wenn unser Leben in euren Augen oftmals eintönig abzulaufen scheint, so ist es das aber überhaupt nicht, ganz im Gegenteil. Wir sind immer ganz da, egal ob wir wach sind oder ruhen. Selbst im Schlaf sind wir bei vollem „Bewusstsein". Es ist dieses Bewusstsein, das uns die „Zeit" vergessen lässt. Wir leben Augenblicke. Wir leben Erfahrungen. Wir leben, wir sind − immer und überall. Wir sagen nicht: „Morgen machen wir dies und das." Wir machen etwas, wenn es sich für uns ergibt und wann immer wir etwas machen, ist es genau der richtige Moment. Ihr dagegen teilt Momente in Zeitsequenzen ein, in einen Morgen, einen Mittag, einen Abend, eine Nacht. Ihr teilt ein in Früh und in Spät. Wir Katzen tun dies nicht. Wir sind immer im rechten Augenblick. Wir haben gute Momente, wir haben nicht so gute Momente. Die nicht so guten Momente sind deshalb aber nicht schlecht, sie sind anders und werden anders von uns wahrgenommen. Ein nicht so guter Moment kann für uns zum Beispiel sein, wenn wir einer anderen Katze begegnen, die wir nicht sehr schätzen. Dieser nicht so gute Moment kann sich in dem Augenblick in einen guten Moment wandeln, wenn wir uns bewusst mit ihm auseinander-

setzen und einen Weg finden, das zu tun, was unserem Naturell entspricht. Dieser bewusste Umgang mit dem Leben und dem, was sich im Leben zeigt, ist ein wichtiger Aspekt im Katzenleben. Wir unterteilen das Leben nicht in gute Zeiten oder in schlechte Zeiten. Wir unterteilen überhaupt nicht in Zeiten. Zeit ist für uns immer. Jeder Augenblick ist Zeit. Jeder nicht bewusst gelebte Moment ist verschwenderischer Umgang mit dem Leben oder mit der Zeit. Zeit ist das, was du aus ihr machst. Für manch einen verfliegt sie, für einen anderen bleibt sie stehen. Sie ist immer auch das, was einer in ihr sehen mag. Und doch ist sie nie sichtbar. Sie mag vielleicht erfahrbar sein, aber sie ist für jeden eine ganz individuelle Erfahrung.

Wichtig im Umgang mit ihr oder mit dem Leben scheint mir zu sein, dass jeder Augenblick bewusst wahrgenommen wird als das, was er ist, ein Augenblick in der Unendlichkeit. So gesehen kann der Augenblick selbst unendlich werden. Doch selbst der sehr bewusst erlebte und gelebte Moment bleibt nicht ewig und weil das so ist, seht ihr in der Zeit etwas, das vergeht. Ihr seht in ihr etwas, das ihr nicht (auf)halten könnt. Doch die Zeit ist immer, sie ist immer gleich. Das was ihr nicht aufhalten könnt, ist euer Erleben des Moments. Was ihr nicht verändern könnt, ist der Wandel von allem was ist. Dinge, Ereignisse, die sich wandeln, verändern sich. Sie entstehen neu, weil alles immer und ewig Wandel ist. Ein ewiger Kreislauf. Ich glaube, ihr nennt diesen Kreislauf Zeit, damit ihr ihn besser verstehen könnt. Dabei braucht er kein Verständnis, sondern nur eure bewusste Hingabe. So zumindest glaube ich.

Beobachtet ihr uns Katzen, dann könnt ihr in jedem Moment unsere Hingabe an das Leben und den Augenblick erkennen. Wir warten nicht darauf, dass vielleicht ein besserer Augenblick kommt. Wir wissen, dass er bereits da ist! Ob ein Moment besser oder schlechter ist, bestimmt

nicht die Zeit, sondern derjenige, der ihn (er)lebt! So macht jeder die Zeit selbst, unabhängig von der Uhrzeit, der Tageszeit oder der Jahreszeit.

Wie immer muss ich zugeben, dass Feli sehr weise erkannt hat, wo der menschliche „Fehler" im Umgang mit Zeit liegt. Zeit wird nicht intensiver gelebt und erlebt, wenn sie eine bestimmte Bezeichnung hat. Morgen ist ja auch wieder Heute. So wie das Gestern auch mal ein Heute gewesen ist. Und das Heute irgendwann mal ein Morgen war und ein Gestern wird. Sehr viel wichtiger als auf die (Uhr)Zeit zu schauen ist es, darauf zu achten, was wir mit dem Geschenk unserer (Lebens)Zeit anfangen. Vergeuden wir Zeit und damit Leben? Oder sind wir jederzeit voll und ganz da? Sind wir uns dessen bewusst, dass das, was wir leben, unsere ganz eigene (Lebens)Zeit ist?

Ich glaube, ich muss noch eine Weile darüber nachdenken ...

Ich weiß aber schon jetzt, dass ich dem Inhalt dessen, was wir Zeit nennen, mehr Aufmerksamkeit schenken sollte, als der Zeit selbst. Statt zu sagen: „Herrje, schon wieder eine Stunde vergangen, ohne dass ich genug geschafft habe", sollte ich lieber darüber nachdenken, warum ich eine Stunde der Muße als vergeudete Zeit betrachte.

Tipp:

Leben Sie doch mal einen Tag ohne Uhr! Tun Sie dies aber möglichst nicht an einem „normalen" Arbeitstag, an dem Sie ins Büro gehen müssen. Dort könnte ein lässiger Umgang mit Zeit vielleicht eher zu einem Ärgernis werden. Planen Sie dazu am besten einen Urlaubstag oder einen Tag des Wochenendes ein, an dem Sie keinerlei Verpflichtung haben außer der, sich einen schönen Tag zu machen. Fangen Sie damit an, dass Sie aufstehen, wenn Ihr innerer Wecker dies vorgibt. Planen Sie Dinge, die sie gerne tun und tun Sie diese ohne Hektik und ohne Zwang und vor allem, ohne auf die Uhr zu schauen. Essen Sie nur dann, wann Sie hungrig sind und essen Sie das, was Sie gerne essen möchten. Leben Sie einen Tag lang so, wie es Ihr Gefühl Ihnen sagt. Das Schwierigste daran wird sein, dass wir teilweise gar nicht mehr wissen, was wir fühlen ... Dennoch, probieren Sie es aus. Und beobachten Sie ein wenig – aber nur ein wenig – wie Ihre Katze auf Ihr ungewöhnliches Verhalten reagiert. Wie auch immer, lassen Sie es sich so richtig gut gehen!

Haben Katzen Humor?

Ich weiß gar nicht, warum mich diese Frage so fasziniert und interessiert. Von mir selbst glaube ich, dass ich mit einer gesunden Portion Humor ausgestattet bin. Allerdings weiß ich auch, dass es Momente gibt, in denen ich völlig humorlos reagiere. Ist Humor eine menschliche Eigenschaft? Oder mehr ein Allgemeingut, auf das jedes Lebewesen zurückgreifen kann? Ich habe sogar das Gefühl, dass das „Schicksal" mitunter Humor hat. Ist Humor also etwas, was man hat? Ist es angeboren? Oder ist es eine Lebenseinstellung? Kann man Humor lernen? Was auch immer Humor ist oder nicht ist, Fakt ist, dass das Leben leichter zu leben ist, wenn man es mit einem Augenzwinkern betrachtet. Lachen macht nicht nur Freude, sondern trägt auch in nicht unerheblichem Maß dazu bei, gesund zu bleiben oder zu werden. Wer oft lacht ist gesünder oder fühlt sich zumindest so. Wer krank ist und viel lacht, kann mit Hilfe des Lachens leichter wieder gesund werden. So könnte es doch eine gute Form von Gesundheitsvorsorge sein, nicht nur selbst viel und oft zu lachen, sondern auch sein Tier in dieses Lachen mit einzubeziehen.

Jetzt weiß ich doch, warum mich interessiert, ob Katzen/Tiere Humor haben. Diese Frage wird Feli sicher genauso klug beantworten, wie alle bisherigen auch. Ist sie doch – und mit ihr alle anderen Katzen/Tiere auch – nicht nur eine Lebenskünstlerin, sondern ebenso eine Philosophin.

FELI:

Humor ist, wenn man das leicht zu nehmen weiß, was einem widerfährt, selbst wenn es schwer zu sein scheint. Humor ist eine Einstellung, die das Leben einfacher machen kann – einfach nicht im Sinn von einfältig, sondern im Sinn von leicht. Humor kann in der Luft liegen oder in der Erde vergraben sein. Humor ist in jedem Wassertropfen. Humor ist in jedem Element zu finden. Er ist da und will, dass wir auf ihn zugreifen. Humor ist göttlich.

Lachen ist göttlich. Derjenige, der ein Lachen oder ein Lächeln auf dein Gesicht zaubern kann, ist ein Künstler. Ein Künstler, der das Leben zu nehmen weiß. Einer, der das Leben nimmt, wie es genommen werden will. Lachen und lachen lassen, sollte die Devise eines jeden Lebewesens lauten.

Doch das alles ist nicht die Frage. Obwohl es eigentlich schon die Antwort auf deine Frage ist. Wenn Humor in der Luft liegt, wenn Humor in jedem Element vorhanden ist, dann können alle auf ihn zugreifen. Es scheint, als könne jeder sich entscheiden, ob er Humor haben möchte oder nicht. Jedes Wesen kann das. Wenn ihr Menschen euch vorstellt, dass alles genauso einfach ist, wie ich es gerade schildere, dann kann Humor in jeder Situation und jeder Lebenslage zum Vorschein kommen. Humor hat mit Loslassen zu tun. Wenn ihr das loslasst, was euch schwer auf der Seele lastet, dann kann Humor möglich werden. Das erklärt auch, warum es so schwer fällt zu lachen, wenn man etwas sehr trauriges erlebt hat. Dann ist man mit zu vielen schweren Lasten behaftet, dann trägt man so schwer, dass man nicht auch noch auf den Humor zurückgreifen kann und das vielleicht auch gar nicht möchte, weil Humor in einer solchen Situation zwar gut täte, aber doch ein wenig fehl am Platz wäre.

Wir Katzen, die wir ja auch als wahre Lebenskünstler bekannt sind, sind ebenso wahre Meister des Humors. Schon unser Gesichtsausdruck weist darauf hin, dass wir gerne lachen und schmunzeln. Schaut uns doch einmal von der Seite an und ihr werdet bemerken, dass wir lachen. Tatsächlich tun wir das innerlich sehr, sehr oft. Wir möchten der Lebensfreude in uns Ausdruck verleihen. Ganz viele andere Tiere möchten das genauso! Da Humor etwas Göttliches ist, ist er in jedem göttlichen Wesen vorhanden. Oder anders gesagt, kann er durch jedes göttliche Wesen erfahren und ausgedrückt werden. Jeder hat die Wahl. Jeder kann über ein Missgeschick lachen oder weinen. Ich weiß natürlich, dass es Situationen gibt, in denen das Lachen schwer fallen kann. Wenn ich traurig bin, versuche ich immer ein wenig zu spielen. Alleine dadurch vermag ich die Traurigkeit zu wandeln. Ich bin dann immer noch traurig, aber ein kleiner Anteil von mir ist ein wenig fröhlicher geworden. In solchen Momenten kann ich zwei Seelen in meiner Brust haben und das empfinde ich in einem solchen Moment durchaus nicht negativ, sondern eher positiv, denn der leichte Anteil meiner Seele hilft dem schweren Anteil meiner Seele.

Ihr seht und lest, dass Humor nichts ist, was euch Menschen vorbehalten ist. Es ist nicht zu fassen, dass ihr Menschen glaubt, dass es Dinge gibt, die nur ihr könnt. Das ist nicht nur kurzsichtig, sondern auch ein wenig borniert. Ihr glaubt, dass ihr wichtiger seid, als der Baum oder der Stein vor eurer Tür. In Wahrheit aber sind diese Wesen keinesfalls geringer als ihr selbst. Jedes Wesen hat alle Möglichkeiten. Alles was es da gibt an Möglichkeiten, steht allen Wesen zur Verfügung, nur hat eben jedes Wesen seine ganz eigene und besondere Form des Ausdrucks zur Verfügung. Nur weil der Mensch laut lachen und sich dabei auf die Schenkel klopfen kann, heißt das nicht, dass er das alleinige Anrecht darauf hat, mit Humor gesegnet zu sein. Außerdem – laut lachen ist ja auch nicht unbedingt ein Ausdruck von Humor ...

Humorvoll ist der Vogel, der vor euren Fenstern singt. Humorvoll ist der Regenwurm, der durch eure Erde wandert und seine Gänge zieht. Humorvoll ist euer Hund, der voller Freude an eurer Seite geht. Humorvoll ist die Katze, die mit leuchtenden Augen hinter dem Blatt herjagt. Alle sind wir humorvoll. Einzig ihr Menschen lasst manchmal Humor vermissen, wenn ihr glaubt, dass nur ihr den Humor gepachtet habt. Doch was soll's, ich lach einfach darüber.

Jedes einzelne Wort von Feli empfinde ich als tiefe Wahrheit. Ich sehe und beobachte Feli jeden Tag. Sie ist eine wahre Meisterin der Leichtigkeit und der Freude – und deren Ursprung ist der Humor. Vielleicht ist es auch umgekehrt ...

Allein wenn ich sehe, mit wie viel Freude Feli jeden einzelnen Tag begrüßt, erlebt und genießt, lässt das meine Mundwinkel nach oben gehen. Wenn ich sehe, wie sie nach einem Ärgernis – zum Beispiel, wenn sie von einer anderen Katze gejagt wurde – sofort wieder bei sich ist und voller Freude nach vorne schaut, dann weiß ich, dass diese Katze das Wesen des Humors nicht nur begriffen hat, sondern ihn lebt. Mir schwant aber, dass das, was Feli über den Humor gesagt hat, auch für alles andere auf dieser Welt gilt. Wir haben Zugriff auf alles oder anders ausgedrückt, wir entscheiden, wer wir sind, was wir tun und wie wir es tun. Eigentlich ganz einfach, oder?

Tipp:

Beginnen Sie damit humorvolle Geschichten zu sammeln. Statt der humorvollen Geschichten, können Sie auch Witze sammeln oder etwas ganz anderes tun, dass Sie zum lachen bringt – dies vielleicht sogar gemeinsam mit Ihrer Katze. Es spielt keine Rolle was es ist, Hauptsache es kann sie erheitern. Wenn Sie sich für die Witze- und Anekdotensammlung entscheiden, setzen Sie sich jeden Tag einmal hin und lesen aus dieser Sammlung. Am besten lesen Sie Ihrer Katze daraus vor. Keine Angst, sie versteht jedes Wort. Versuchen Sie jedem Tag zumindest einmal zu lächeln. Und sollte es einmal nicht klappen, dann seien Sie sicher, dass auch ein solcher Tag seinen ganz besonderen Sinn hat. Ein Spruch, der viel Wahrheit beinhaltet, ist: „Das Lächeln, das du aussendest, kehrt zu dir zurück".

Mir passiert es oft, dass ich durch eine Einkaufsstraße laufe und verwundert darüber bin, dass ich von allen Passanten angelächelt werde, bis mir bewusst wird, dass ich selbst lächele.

Zum Einstieg für Ihre Witze-/Geschichtensammlung kann ich die beiden folgenden Witze beisteuern:
Ein Pferd steht auf der Weide. Am Zaun hängt ein Schild: „Bitte das Pferd nicht füttern. Der Besitzer." Darunter klebt ein kleiner Zettel: „Bitte das Schild nicht beachten! Das Pferd."
Und:
Zwei Ameisen tragen ein Fenster durch die Wüste, da sagt die eine: „Mir ist sooo heiß", darauf meint die andere: „Dann mach doch das Fenster auf."
Und jetzt dürfen Sie lachen und mir Ihre Witze schicken, damit ich eine eigene Sammlung anlegen kann. Danke!

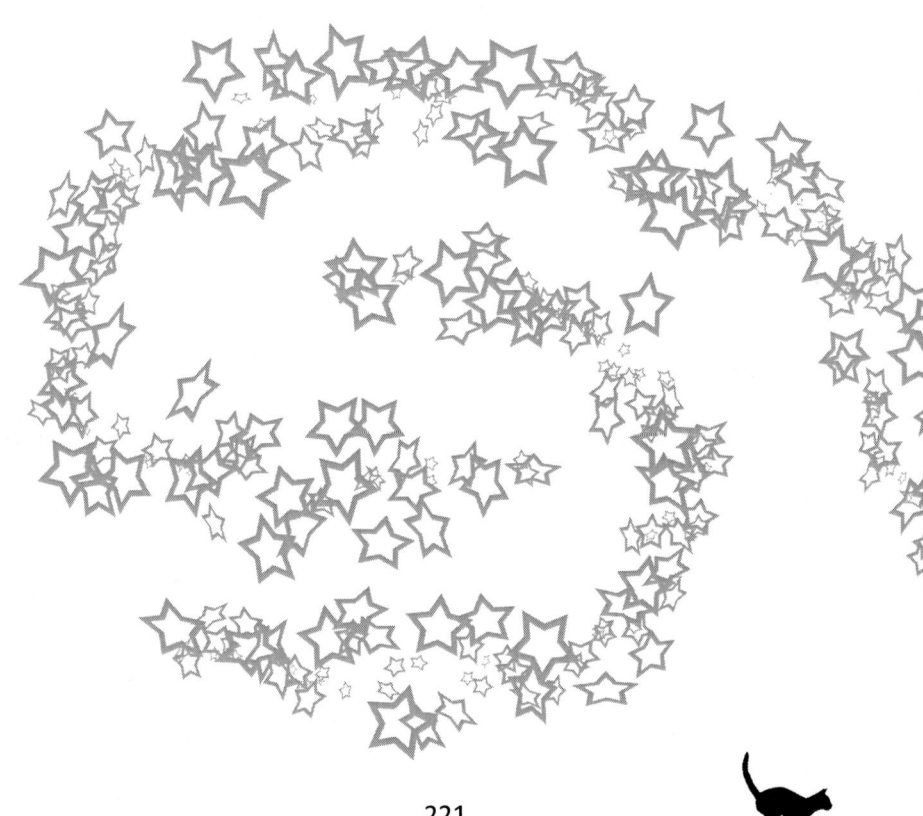

Andere wichtige Themen des Lebens

Katzen und der Tod

Nach den Erfahrungen, die ich in meiner Praxis mache, ist das Thema Sterben für viele Menschen etwas, mit dem sie nur schwer oder oftmals auch gar nicht umgehen können. Dabei kann es das Leben um ein vielfaches leichter machen, wenn man dieses Thema bewusst ins Leben einbezieht und nicht damit wartet, bis es sich einem „aufdrängt". In dem Buch „Wenn Tiere ihren Körper verlassen", das ich mit meiner Kollegin Sabine Arndt gemeinsam geschrieben habe, zeigen wir einen neuen Umgang mit dem Sterben auf und weisen darauf hin, dass es sich dabei um einen natürlichen Prozess handelt, der ein wichtiger Bestandteil des Lebens ist.

Tiere können in den allermeisten Fällen gut mit Themen wie Sterben und Tod umgehen. Sie wissen intuitiv, dass alles zusammengehört: Geburt, Leben und Sterben. Sie geben sich immer dem Moment hin und „hören" auf ihre innere Stimme. Viele Menschen können, was das Thema Sterben anbelangt, von den Tieren lernen. Gerade Katzen empfinde ich als prädestiniert dafür, sich intensiv auf Lebens- und Sterbeprozesse einlassen zu können. Es interessiert mich sehr, wie meine geliebte Feli mit dem Thema Sterben und Tod zurechtkommt und was sie dazu sagen möchte. Ich bin ziemlich sicher, dass das, was sie sagen wird, vielen Menschen und Tieren helfen kann, den Weg, der dorthin führt, ein Stück weit leichter gehen zu können.

FELI:

Ich fühle mich geehrt, dass ich auch über dieses so wichtige Thema etwas sagen darf. Spüre ich doch die große Angst, die viele Menschen überfällt, wenn sie sich damit befassen. Ich jedoch kann euch versichern, dass ihr keine Angst haben müsst, denn das ist nichts, wovor sich ein Wesen fürchten muss. Es ist wie atmen, nur andersherum, versteht ihr? Es ist alles in diesem Thema enthalten. Es enthält, wie das Leben auch, alles. Nur anders herum. Es

ist, als ginget ihr durch eine Tür. Und durch eine Tür zu gehen, scheint nicht wirklich schwer zu sein, oder?

Doch bis jetzt spreche ich nur oberflächlich. Ich will nun aber ein wenig mehr in die Tiefe gehen, damit auch ihr tiefer verstehen könnt, denn Tiefe ist notwendig, um dieses so wichtige Thema in seiner Gesamtheit annehmen zu können. Besonders die Annahme ist es, die es braucht. Das, was ihr annehmen könnt, kann zur Leichtigkeit verhelfen. Das, was von euch angenommen wird, kann zum Freund werden, den ihr zu verstehen versucht. Der Freund, den ihr versucht zu verstehen, wird euch ein guter Freund sein. Vor einem guten Freund muss man keine Angst haben, egal wie er sich einem zeigt. Ein Freund kann streng sein, laut und direkt – oder leise und freundlich. Ein Freund kann viele Gesichter haben. Manches Gesicht mag einen erschrecken, aber dennoch ist es immer der gleiche Freund.

Jetzt habe ich ein wenig erklärt, wie ein erster Schritt hin zum Umgang mit dem Thema Sterben sein kann, nämlich so, dass ihr das Sterben wie einen Freund betrachtet, der an eurer Seite mit euch durchs Leben geht. Dieser Freund will nichts Böses von euch, er will euch nichts tun. Er ist nur immer da. Jederzeit. Und weil er immer da ist, macht es wenig Sinn, ihn zu ignorieren. Das ist die eine Seite. Die andere Seite ist die, dass der Freund, hat man ihn wahrgenommen, irgendwann auch mal intensiv in das Lebensgeschehen eingreifen wird. Sterben und Leben sind wie Zwillinge mit unterschiedlichen Ausdrucksformen. Sie sind zwar keine eineiigen Zwillinge, trotzdem sind sie sich unglaublich ähnlich. Sie repräsentieren nur unterschiedliche Themen. Das Leben zeigt eine materielle Fülle, so wie das Sterben und der Tod eine energetische Fülle zeigen. Alles was im Leben vorkommt, ist greifbar und mit den äußeren Augen sichtbar. Alles was im Sterben vorkommt ist „unfassbar" und für die meisten nur mit den inneren Augen zu sehen, sofern sie gewillt sind, mit den inneren Augen darauf zu schauen. Es ist ein wenig wie Wachen und Schlafen. Auch im Schlaf lebt jedes Wesen, doch auf einer ganz anderen Ebene. Es ist dies die Ebene der Leichtigkeit und der inneren Farben und Bilder. Das Leben kann dagegen richtig „schwer" wiegen. Jedes Wesen kann auf beiden Seiten existieren. Die eine Seite ist ebenso da wie die andere. Das Sterben und der Tod sind ebenso existent wie das Leben. Sterben führt auch wieder zum Leben, nur auf einer anderen Ebene und auf eine andere Art. Ich weiß das. Doch viele Menschen wissen das nicht, wollen es nicht wissen oder können es nicht glauben. Geht es um das Sterben, kommt oft auch der Glaube ins Spiel und zwar häufig so, als wäre er ein Rettungsanker für die, die ansonsten das Thema nicht ertragen könnten. Glaube hat keinen hohen Stellenwert in einer Welt, die so stark von der Materie beherrscht wird. In der Welt der Menschen wird Wissen sehr viel höher angesehen. Schade eigentlich, denn der Glauben ist für die Tierwesen Wissen. Wir wissen, weil wir glauben. Obwohl das nicht ganz stimmt. Ich kann es allerdings nicht so erklären, dass es stimmiger oder leichter verständlich wird. Am besten scheint mir die Erklärung zu sein, dass für uns Tiere Glauben und Wissen eins sind. Stellt euch doch mal vor, ihr würdet nicht mehr glauben müssen, sondern hättet den Glauben als Wissen oder Gewissheit in euch. Wäre das nicht schön? Ich will hier aber nicht über den Glauben reden, sondern darüber wie ich als Katzenseele das Thema Sterben betrachte. Dazu kann ich euch als Erstes sagen, dass es mir keine Angst macht, genausowenig wie es mir Angst macht, wenn ich das Haus, in dem ich lebe, durch die Katzenklappe verlasse, um in den Garten hinaus zu gehen. Ich verlasse bewusst einen Ort und gehe bewusst an einen anderen Ort. Das ist Sterben. Sterben ist aber natürlich noch viel mehr, denn wenn ich das Haus verlasse, verlasse ich dabei nicht gleichzeitig auch meinen Körper. Genau das geschieht aber beim Sterben und genau das

ist es, was Furcht bereiten kann.
Doch auch hier kann ich euch viele Beispiele nennen, die die Furcht vielleicht ein wenig zu lindern vermögen. Kommen und Gehen sind der Kreislauf der Natur. Die Blume, die euch während des Sommers mit ihren Blüten erfreut hat, verblüht im Herbst. Ich sehe es so, dass die Seele der Blume sich an einen anderen Ort zurückzieht, dort Kraft sammelt, um dann im nächsten Frühling wieder in neuem Glanz zu erstrahlen. Stellt es euch so vor, dass die Seele der Blume aus dem Körper der Pflanze hinab in die Erde steigt, dort ruht und dann, wenn ihre Zeit gekommen ist, wieder neu wächst und gedeiht.

Auch die Pflanzen sind beseelt. Alles was existiert, ist beseelt. Jedes Seelenwesen hat seinen Rhythmus. Keine Pflanze ist wie eine andere – auch wenn es oberflächlich betrachtet so aussehen mag – so wie kein Mensch und kein Tier wie ein anderer und wie ein anderes ist. Jedes Lebewesen hat seine Aufgabe, seinen Lebensweg. Genauso hat auch jeder seinen Sterbeweg. Ich kann euch nur raten, den Weg des Lebens und den Weg des Sterbens in Freude, Gelassenheit und mit viel Demut anzunehmen, denn der Weg lässt sich nicht ändern. Ändern lässt sich aber eure Sicht auf den Weg und wie ihr ihn geht. Der Weg bleibt immer der gleiche, egal ob ihr ihn fürchtet oder voller Liebe und Freude auf ihn schaut. Wenn es euch gelänge voller Liebe und Freude und sogar voller Hoffnung auf den Weg des Sterbens zu schauen, wie viel Leid könntet ihr euch ersparen.

Freuen bringt Freude und Leiden bringt Leid. So ist das. Ich bitte euch, dass ihr eure Sinne schärft für das, was ihr bisher weder sehen noch annehmen könnt. Sehr viel mehr kann dadurch für euch möglich werden. Denn das wirklich Schöne ist, dass der liebevolle Blick auf das Ende des irdischen Lebens, das Leben selbst erfüllter machen kann. Wer keine Furcht hat vor dem Schritt durch die letzte Tür, der hat natürlich auch keine Angst (mehr) vor dem Leben. Stellt euch nur vor, dass das Sterben, selbst wenn es im Außen mit Schmerz und Leid verbunden zu sein scheint, nur die Fortsetzung des Weges ist, den ihr mit dem Schritt ins weltliche Leben begonnen habt. Es ist nur ein Schritt von vielen Schritten. Bei diesem Schritt dürft ihr alles hinter euch lassen, was einst schwer schien. Er ist ein Schritt in die Leichtigkeit des „Nicht-Körperlichen". Alles fällt ab und doch verliert ihr nichts. Der Reichtum jeder Seele bleibt erhalten. Ihr könnt aufhören euch zu sorgen und zu fürchten. Macht es einfach wie wir Katzen, springt vertrauensvoll ins unbekannte Terrain und wundert euch nicht, wenn ihr im Unbekannten die Heimat findet. Wundert euch nicht, wenn ihr das wiederfindet, was ihr glaubtet verloren zu haben. Was ihr nicht findet, sind Hab und Gut, denn das zählt dort nicht. Nichts von dem, was hier so unentbehrlich scheint, braucht ihr dort. An diesem Ort der Stille und überirdischen Geborgenheit zählt nur der Reichtum des Herzens. Darum sammelt auch nur diesen in eurem Leben. Wenn ihr das eine tut, weswegen ihr da seid – zu lieben nämlich – wird euch auch der letzte Schritt nicht schwer fallen. Habt ihr dabei gar eine Katze an eurer Seite, dann wird sowieso alles gut sein.

Für uns Tiere ist es nicht immer ganz einfach, denn sehr oft schmerzt es unsere Menschen, wenn wir gehen. Drum bitte ich euch nun, seid bitte weise und gelassene Begleiter an der Seite eures sterbenden Tieres. Denn nichts braucht es mehr, als den weisen und liebevollen Blick und die Zuversicht seines Menschen, das alles gut ist. Ganz wichtig ist das für uns. Das gibt uns den rechten Frieden und ist das beste Reisegepäck, das wir mit auf die andere Seite nehmen können. Macht uns dieses Geschenk, bitte. Und vertraut darauf, dass auch wir weise und wissend sind. Denn dieser letzte Weg, den wir nicht nur einmal gehen, führt keinen in eine Sackgasse. Dieser

letzte Weg wird immer weiter und immer heller, je länger wir auf ihm gehen. Verlasst euch auf uns und vertraut darauf, dass uns nichts geschehen kann. Schaut nicht zu sehr auf die äußeren Umstände, auf die Materie, auf den Körper, sondern bleibt mit dem Blick und euren Herzen bei uns und dem, wer und was wir wirklich sind. Solltet ihr das zu diesem Zeitpunkt noch nicht wissen, so nutzt den Weg, uns und euch wirklich und wahrhaftig kennen zu lernen. Genau das ist der rechte Augenblick dazu!

Mehr muss ich dazu gar nicht schreiben. Zumal Feli diesen Weg zwischenzeitlich selbst ganz meisterhaft gegangen ist. Sie hat mir bewiesen, dass ihre Worte wahr sind. Sie hat mir gezeigt, dass Sterben schön sein kann. Sie hat mir ihr Sterben geschenkt und mein Herz mit Reichtum überschüttet. Dadurch, dass ich sehr oft mit diesem Thema konfrontiert bin, bin ich natürlich sehr mit dem Sterbeweg vertraut und konnte und kann alles nachvollziehen, so wie Feli es beschrieben hat. Meine Furcht vor dem Tod habe ich genau dadurch verloren, indem ich mich intensiv mit ihm beschäftigt habe. Mir gefällt der Ausspruch der Schauspielerin Inge Meysel, die auf die Frage, ob sie Angst vor dem Tod habe, antwortete: „Warum soll ich Angst vor dem Tod haben? Das Leben ist doch viel schwerer". Wobei die meisten Menschen ja nicht direkt Angst vor dem Tod haben, sondern vielmehr vor dem Weg, der dorthin führt. Doch diese Angst können wir überwinden. Genauso wie wir die Angst vor einem steilen Weg verlieren können, ganz einfach indem wir uns gut auf ihn vorbereiten. Wird ein Weg schwer, dann werden die Ausrüstung und die Vorbereitung wichtig! Gut vorbereitet kann jeder Weg gegangen werden. Sich vor dem Sterben zu fürchten ist in etwa so sinnvoll, wie wenn Sie sich vor dem Schlafengehen ängstigen. Der Schlaf, auch „der kleine Bruder des Todes" genannt, ist genauso wenig vermeidbar wie dies der Tod für jedes Lebewesen auf dieser Welt ist. Und bedenken

Sie, dass nur der gut schlafen kann, der sich dem Vorgang des Schlafens vertrauensvoll und ganz hin gibt. Manchmal kann es sogar hinderlich sein, zuviel über das Schlafen nachzudenken. Besser ist, es einfach zu tun. So sollte auch das Thema Sterben und Tod nicht zum ständigen Grübeln führen. Wichtig ist, dass Sie den Tod als wichtigen Bestandteil Ihres Lebens und des Lebens derer, die mit Ihnen leben, annehmen und darauf vertrauen, dass Sie ihm würdevoll und in Liebe begegnen können, sobald er sich nähert.

Tipp:

Für mich besteht die wichtigste Vorbereitung auf das Sterben darin, loslassen zu üben, sei es mental oder auch real. Gehen Sie einmal in der Woche/im Monat/im Jahr durch Ihre Wohnung/durch Ihr Haus und schauen Sie auf die Dinge, die Sie nicht mehr brauchen. Sehr schön ist auch das Verschenken von Dingen, die einem zwar kostbar sind, die man aber nicht lebensnotwendig braucht. Nein, keine Angst, Sie müssen nun nicht Ihr Auto oder gar Ihre Katze verschenken. Aber vielleicht gibt es ja ein schönes Kleidungsstück, das Sie jemandem geben möchten, der es dringender braucht als Sie selbst. Etwas wegzugeben, das wir nicht mehr brauchen oder wollen, ist keine Kunst. Doch Dinge loszulassen, die uns wert und teuer sind, gar nicht mal unbedingt nur im materiellen Sinn, das ist eine gute Übung und freut zudem das Herz aufs innigste. Probieren Sie es aus. Und sollte es gar nichts geben, von dem Sie sich trennen möchten, so üben Sie das Loslassen zumindest in Gedanken. Seien Sie einfach immer ein klein wenig bereit. Doch machen Sie dieses „bereit sein" nicht zur Obsession, denn so lange wir hier sind, besteht unsere Hauptaufgabe darin, hier zu sein. Wie immer liegt die Lösung in der Mitte.

Katzen und Trauer

Bei diesem Thema geht es mir zum einen darum, zu erfahren, wie Katzen um ein Wesen trauern, das sie verlassen hat. Zum anderen interessiert mich natürlich, wie Katzen die Trauer der Menschen wahrnehmen und was sie dazu zu sagen haben.

Vor einigen Jahren, als gerade eine meiner Katzenpatientinnen gestorben war, wollte ich deren Frauchen etwas Gutes tun und befragte Feli dazu, wie ich einen Menschen trösten kann, der jemanden verloren hat. Die damalige Antwort von Feli habe ich zwischenzeitlich schon an ganz viele Menschen weitergeleitet und vielen konnten ihre Worte Trost spenden. Feli versteht es wie keine zweite, Worte zu finden, die zu Herzen gehen. Das rührt sicher daher, dass ihre Worte aus dem Herzen kommen. Selbst die unangenehmste Wahrheit kann liebevoll berühren, wenn sie mit Liebe, eben aus dem Herzen kommend, gesprochen wird. Das ist genau der Grund, warum ich meine Tiere, hier im Besonderen Feli, so gerne befrage. Das, was die Tiere sagen, ist echt und berührt. So wie wir stets von dem berührt werden, was echt und voller Liebe ist. Ich bin sicher, dass Feli gute und weise Worte finden wird, um das traurige Thema Trauer zu einem „echten" Erlebnis zu machen, das in der Folge zur Erkenntnis führt, wie Trauer gelebt und erlebt werden kann.

FELI:

Trauer ist für die meisten Menschen ein trauriges Thema. Traurigkeit und Trauer liegen sehr dicht beieinander. Sie bedingen einander. Traurigkeit lässt trauern und Trauer macht traurig. Das ist auch bei den Tierseelen nicht anders. Wenn ein geliebter Tierkamerad oder ein geliebter Mensch uns verlässt, dann schmerzt uns das genauso, wie es euch schmerzt, wenn ihr von einem geliebten Kameraden verlassen werdet. Es entsteht erst einmal eine Leere. Je nachdem wie weit wir selbst schon auf dem

Weg sind, nimmt uns das mehr oder aber weniger mit. Traurig ist es immer, das ist nie die Frage. Die Frage ist aber, wie wir die Trauer annehmen und mit ihr umgehen können. Das ist nie gleich und es gibt immer eine Geschichte dazu. Geht ein Wesen, das alt und weise war, dann ist das für uns ein Prozess, der gut angenommen werden kann, der sich richtig anfühlt und von dem wir ahnen, nein, wissen, dass er so war/ist, wie er sein sollte. Solch ein Wesen verabschieden wir nicht nur mit Traurigkeit, sondern gleichzeitig auch mit Freude. Das ist in etwa vergleichbar mit einem erfüllten Urlaub, in dem alles gesehen und erlebt werden konnte, was nur möglich war. Nach einem solchen Urlaub mögt ihr traurig sein, weil er vorüber ist. Da ist aber nicht viel Raum für die Trauer, denn es war alles so, wie es sein sollte und ihr könnt den Urlaubsort mit einem befriedigten Gefühl verlassen.

Genauso geht es mir, wenn ich einen Kameraden ziehen lassen muss, der sein Leben, seine Aufgabe gelebt hat. Diesen Kameraden kann ich gehen lassen, ohne dass ich Angst davor habe, dass etwas „Ungelebtes" zurückbleibt. Wenn ich zurück blicke, dann habe ich bisher überhaupt nur solche Abschiede erlebt. Letztes Jahr ging meine Katzenkameradin Balou, mit der ich 10 Jahre Seite an Seite lebte. Obwohl sie ganz anders war als ich, erkannte ich mich dennoch in ihr wieder. Als Frauchen ihren toten Körper vor mich hinlegte, damit ich von ihr Abschied nehmen konnte, erkannte ich sofort, dass das nicht mehr Balou war. Es war nur noch eine leere Hülle. Und warum sollte ich von einer leeren Hülle Abschied nehmen? Ich sagte dies sofort und Frauchen musste lachen, als sie meine Worte „das ist nicht Balou" hörte. Balou war nach einem langen und intensiven Leben gegangen. Sie hatte alles erlebt, was es zu erleben gab. Sie hatte alles gesagt, was es zu sagen gab. Sie hatte alles gezeigt, was es zu zeigen gab. Und so war es einfach für mich, Balou gehen zu lassen.

Wir hatten keine intensive Bindung, doch da waren Verständnis zwischen uns, sowie Respekt und Akzeptanz. Gut, ich gestehe, dass ich manchmal auch respektlos ihr gegenüber war. Sie war jedoch klug und erfahren genug, um mit solchen Flegeleien umgehen zu können. Balou hat nichts ausgelassen und dem Leben nicht nur Jahre abgetrotzt, sondern den Jahren auch Leben. Und genauso soll es sein.

All das war nach dem Weggang von Balou zu spüren. Und wenn ihr spürt, dass alles in Ordnung war, dann gibt es keinen Grund, lange traurig zu sein. Zumindest kann ich das so sehen und auch leben.

Nun ist es aber nicht immer der Fall, dass ein Lebewesen so alt wird, wie das bei Balou war. Manche Wesen sterben früh, manche auf vermeintlich grausame Art und Weise, manche scheinen lange zu leiden. Ich kann euch aus meiner ganz eigenen Erfahrung nur sagen, dass euch immer das begegnen wird, was ihr erleben sollt. Darauf will ich jetzt aber nicht näher eingehen, denn das ist nicht das Thema. Als Thema steht die Trauer auf dem Programm und wie ich, wie wir Katzen, damit umgehen. Und doch gehört es dazu, denn die Art und Weise wie ein Wesen gegangen ist, hat Einfluss auf den Trauerprozess. Wenn es ist wie bei Balou, fällt es leichter, als wenn zum Beispiel ein Wesen sehr jung stirbt oder nach einer sehr schweren Krankheit. Doch auch darin liegt Sinn. Ich will ihn euch nicht erklären, denn für jeden von euch liegt darin ein anderer Sinn. Ihr sollt ihn selbst erkennen. Doch nicht immer gelingt das. Ich weiß aber, ja ich weiß tatsächlich, dass alles einen Sinn hat, auch wenn er nicht erkannt wird. Wenn ihr es aber schafft, den Sinn im Tod eines geliebten Wesens zu erkennen, könnt ihr um jedes Wesen auf angemessene Weise trauern. Wir Katzen und mit uns alle anderen Tiere, machen keinen Unterschied, ob da nun ein menschliches Wesen gestorben ist oder

ein tierisches. *War die Liebe zwischen zwei Lebewesen eine tiefe, innige, wird auch die Trauer eine tiefe und innige sein. Wenn tief getrauert werden kann, dann ist das eine gute Möglichkeit, die Trauer gut und oft auch schnell(er) zu durchleben, vergleichbar mit der intensiven und gründlichen Verarztung einer tiefen Wunde. Je intensiver und gründlicher die Wunde behandelt wird und je mehr Liebe und Mitgefühl die Wunde bekommt, desto schneller und besser wird sie heilen. Wird jedoch nur die Oberfläche bearbeitet, kann auch die Heilung nur eine oberflächliche sein, während es innerhalb der Wunde weiter gärt und die Wunde vermutlich immer wieder aufbrechen wird. Tiefe Trauer macht also auch tiefe Heilung möglich. Wie getrauert wird und wie lange, ist immer auch abhängig davon, wie jemand veranlagt ist, ob einer seine Gefühle zu zeigen vermag oder sie lieber für sich behält. Ich kann euch nur raten, gerade im Prozess des Trauerns, nicht zu viel für euch zu behalten. Das geht, ohne dass ihr euren Schmerz jedem entgegen schleudern müsst. Was ich meine ist, dass ihr offen damit umgehen solltet. Denkt wieder an die Wunde, und dass die verschlossene Wunde, in der noch Schmutz (Schmerz) vorhanden ist, nicht wirklich heilen kann.*

Auch unter uns Katzen gibt es solche, die inniger trauern als andere. Wir sind schließlich genauso individuell, wie ihr Menschen dies seid. Darum kann ich an dieser Stelle wieder mal nur für mich sprechen. Ich gehe offensiv mit dem um, was mir begegnet und halte kaum etwas zurück. Bei allem was ich tue, bin ich immer sehr positiv und auf Freude ausgerichtet. So versuche ich auch den Schmerz der Trauer als eine positive Kraft anzunehmen. Das hat mir bisher sehr geholfen, mit der Energie des Trauerns umzugehen. Ich kann euch hier und jetzt nur eines raten, was ich aber für sehr wichtig halte: Versucht den Sinn hinter allen Themen zu erkennen, auch wenn er offensichtlich nicht erkennbar ist. Und öffnet euch dem, was er zum Ausdruck bringen will. Geht offen mit dem um, was sich zeigt und nehmt euch Zeit für alles, was von euch erfahren werden will. Seid ihr traurig, weil ihr ein geliebtes Wesen „verloren" habt, dann stellt euch dieser Traurigkeit, so wie ihr es könnt und verhelft dem Schmerz, den ihr fühlt, sich zu verwandeln. Tut ihr das, dann kann es geschehen, dass ihr irgendwann wieder an dem Punkt ankommt, an dem ihr Lebensfreude empfindet. So halte ich es und so fühlt es sich gut an.

Was Feli gesagt hat ist sehr klug, fast schon weise. Mir ist auch selbst schon aufgefallen, dass die Tiere selten lamentieren, sondern immer versuchen, weiter zu gehen auf ihrem Weg, egal welches Schicksal sie erlitten haben. Und das betrifft nicht nur die Situation des Trauerns, sondern ebenso viele andere Lebensthemen. Einfach bewundernswert, oder? Wir dürfen uns daran gerne ein oder auch mehrere Beispiele nehmen und versuchen, es ihnen gleichzutun. Ich denke das liegt daran, dass sie großes Vertrauen haben, ein Urvertrauen sozusagen. Der Mensch sieht manches Mal den Sinn nicht mehr und hadert oft mit dem, was ihm das Leben präsentiert. Dem Trauerprozess hilft es nicht, wenn gehadert wird. Dem Trauerprozess hilft nur das Trauern, denn nur das Trauern lässt den Trauerprozess irgendwann zu Ende gehen, so wie der Heilungsprozess der Wunde – um bei dem Beispiel von Feli zu bleiben – die Wunde irgendwann verschließt. Doch muss die Wunde in ihrer Zeit heilen dürfen, ungeduldiges Zunähen bringt da nichts. Die Wunde heilt von innen nach außen. Und auch die Traurigkeit muss von innen heilen um wirklich und ganz und gar gehen zu können.

Tipp:

Versuchen Sie für sich und auch für Tiere, die zurückbleiben, den Trauerweg aktiv zu gestalten. Schauen Sie auf das, was zum einen Sie selbst und zum anderen das Tier an Ihrer Seite braucht. Es gibt viele Möglichkeiten, den Schmerz leichter zu (er)tragen, zum Beispiel mit Hilfe von homöopathischen Mitteln oder Bach-Blüten, um nur zwei Beispiele von vielen zu nennen. Alles was hilft, den Schmerz zu wandeln – nicht ihn zu betäuben! – stellt eine gute Unterstützung beim Trauern dar.

Fragen Sie sich, was das Wesen, das gegangen ist, sich jetzt von Ihnen wünscht. Und dann tun Sie es, aber nur wenn es sich für Sie gut anfühlt. Beziehen Sie auch Ihre Tiere in den Trauerprozess mit ein, ohne sie aber zu „gebrauchen" und/oder runter zu ziehen. Tun Sie sich selbst und den Wesen um sich herum etwas Gutes. Trauer will auch getröstet werden! Finden Sie heraus, was Sie wirklich tröstet. Aber wirklich! Und suchen Sie nach dem, was Sie – bei allem Schmerz – zum Lachen bringen kann! Das Lachen kann positive Kräfte frei setzen und so mithelfen, traurige Gefühle loszulassen. Beim Spaziergang mit dem Hund einer Freundin kam mir folgende Idee, wie man zum eigenen Trauerbegleiter werden kann. Dazu nimmt man zwei große Kerzen, die unterschiedliche Farben haben sollten. Eine der Kerzen repräsentiert die Trauer, die zweite Kerze repräsentiert die Freude. Beide Kerzen können täglich angezündet werden, begleitet von dem Gedanken, dass die Flamme der Trauerkerze mithelfen soll, die Trauer zu verarbeiten/verbrennen. Gleichzeitig darf die Flamme der Freudenkerze Sie dabei unterstützen, die innere Freude wieder zu finden. So können diese beiden Kerzen Sie bei Ihrem ganz persönlichen Trauerprozess begleiten und Ihnen bewusst machen, wo genau Sie gerade stehen. Sie dürfen, wenn die Kerzen abgebrannt sind, so lange eine neue Kerze aufstellen, wie Sie es brauchen. Die Kerzen sind lediglich als Unterstützung gedacht und nicht als Mahnung. Machen Sie sich täglich klar, dass beide Kräfte in Ihnen brennen, die Trauer und die Freude. Und seien Sie gewiss, dass es für alles die rechte Zeit gibt. Ist die Zeit der Trauer irgendwann wirklich vorüber, dann darf die Kerze der Trauer durch eine zweite Kerze der Freude ersetzt werden.

Andere wichtige Themen des Lebens

Wie möchten Katzen gerne leben?

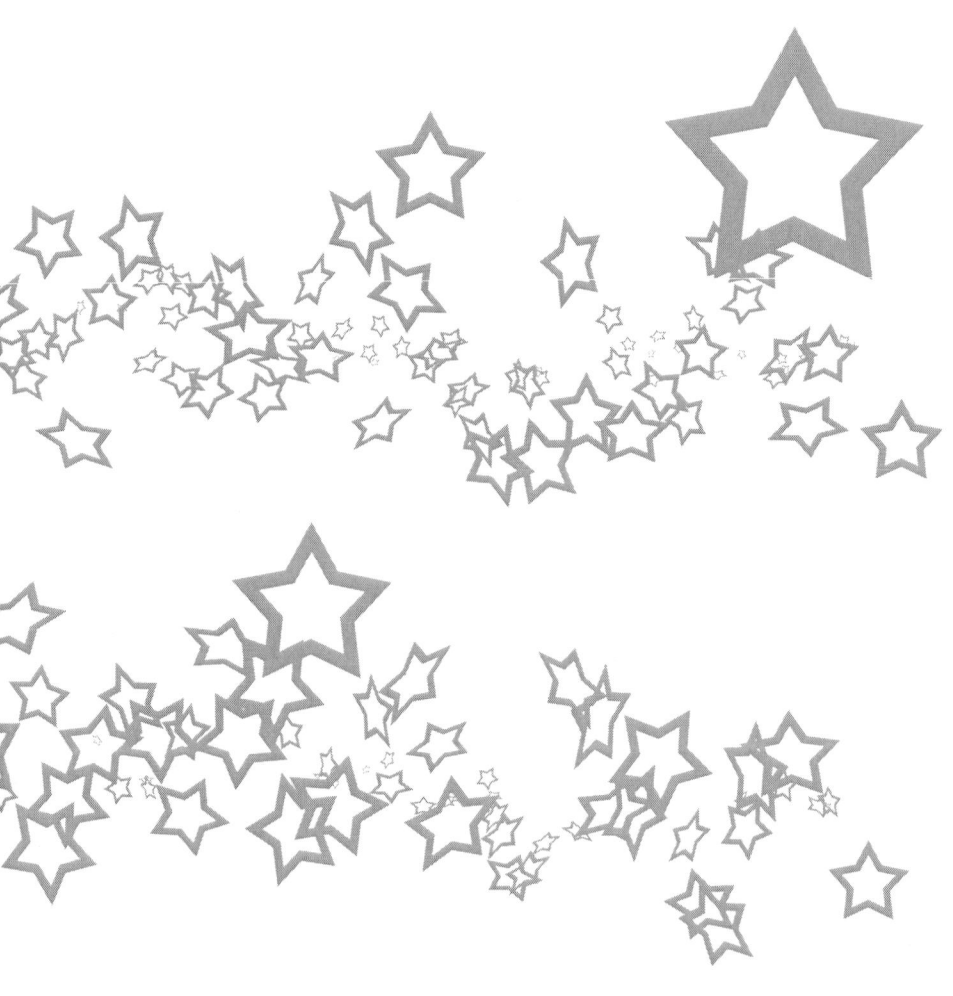

Hierzu herrschen unter Katzenhaltern sehr unterschiedliche Meinungen. Geben die einen ihren Katzen die Möglichkeit nach draußen zu gehen, so ist dies für die anderen nicht akzeptabel, da die Katze, ihrer Meinung nach, in der freien Natur zu vielen Gefahren ausgesetzt ist. Natürlich ist es auch eine Frage der Örtlichkeit/Umgebung, die vorgibt, wie die Katze gehalten werden sollte. Ich halte es stets auch für sinnvoll, die Katze selbst dazu zu befragen und zwar in jedem einzelnen Fall. Ich empfinde es als ganz individuelle Angelegenheit – wie übrigens alles im Leben – und bin sicher, dass jede Katze ganz eigene Bedürfnisse und Wünsche hat, was ihr Leben betrifft. Dies zu tun macht am meisten Sinn, bevor die betreffende Katze einzieht!

FELI:

Ich bin froh, dass du gerade das fragst. Es nervt mich nämlich tierisch, dass ich und viele andere Katzen so oft übergangen werden. Es geht mir hier und jetzt um die Art und Weise, wie Katzen generell mit den Menschen zusammen leben. Da herrscht eine tiefe Kluft zwischen Wollen und Können. Ja, ich möchte es wirklich als tiefe Kluft bezeichnen. Wie sonst sollte ich es nennen, wenn Bedürfnisse missachtet werden? Wie sonst sollte ich es nennen, wenn nicht mal nach unseren eigenen Wünschen und Vorstellungen gefragt wird?

Ich möchte euch ein Beispiel darlegen: Stellt euch vor, ihr zieht mit einem anderen Menschen zusammen. Ihr habt euch gefunden, habt euch lieb und wollt euren Lebensweg zusammen gehen. Dann stellt euch vor, dieses andere Wesen, mit dem ihr einen Teil eures Lebens verbringen möchtet, ist körperlich größer als ihr selbst. Dieses andere Wesen denkt nun, dass es aufgrund seiner äußeren Größe auch innerlich größer ist und meint darum, bestimmen zu

können, was für euch richtig ist und was nicht. Seht ihr die Kluft, die sich bereits jetzt auftut? Ich will dieses Bild aber weiter spinnen. Das andere Wesen bestimmt den Ort an dem ihr lebt, das Essen das ihr zu euch nehmt, die Möbel die euch umgeben, die Gesellschaft von anderen und die Freizeitgestaltung. Die Kluft wird tiefer, merkt ihr das? Ich könnte auch sagen, dass die Waagschale völlig aus dem Gleichgewicht gerät. So in etwa fühlt es sich an, wenn nur eine Meinung zählt und die andere übersehen wird. Genauso fühlt es sich aber auch falsch an, wenn ein Mensch, der mit einem anderen Menschen in einer Lebensgemeinschaft lebt, immer nur das tut was dieser möchte. Das ist das andere Extrem. Beides ist nicht gut.

*Was ich euch mitteilen möchte ist, dass ich auch an dieser Stelle nur sagen kann, wie **ich** gerne leben möchte, nämlich in Freiheit. Gleichzeitig erkennt bitte, dass ich nicht für alle Katzen dieser Welt spreche. Denn es gibt durchaus auch Katzen, die es genießen, in der Sicherheit einer Wohnung oder eines Hauses zu sein, ohne das Bedürfnis zu haben, ihre kleine Welt verlassen zu wollen. Das sind die Katzenwesen, die die Freiheit ausschließlich in ihrem Inneren (er)leben. Denn, auch das ist wichtig zu wissen: Freiheit ist nichts, was man über das Außen erfahren kann. Sie muss im Herzen vorhanden sein, damit sie im Außen möglich wird. Wer Freiheit nur im Außen sucht, wird sie nie finden. Diejenigen aber, die die Freiheit im Herzen spüren und zwar so stark, dass sie sie in die Welt hinaus tragen möchten, die hindert bitte nicht daran, dies auch zu tun. Bei vielen Katzen strahlt die innere Freiheit so stark, dass sie sich ihren Weg nach draußen bahnen möchte. Die innere Freiheit kann eine so starke Kraft sein, dass es krank machen kann, wenn sie keinen Ausdruck im Außen findet. Versteht ihr mich? Was ich sagen möchte ist, dass dort, wo unterschiedliche Wesen mit unterschiedlichen Ansichten, Meinungen und Lebenseinstellungen leben, ein Weg für jeden gefunden* *werden muss. Jeder soll sein Glück finden dürfen. Und doch darf auch jeder einen Schritt zurück treten, um das Glück des anderen ebenso möglich zu machen. So kann, dadurch, dass einer einen Schritt zurück tritt, ein anderer vielleicht einen Schritt nach vorne gehen. Ich bitte euch, fragt und schaut, welchen Weg diejenigen, die bei euch sind, gerne gehen möchten. Und dann schaut gemeinsam, wie dieser Weg möglich werden kann.*

Was stellt das Tier in einer Gemeinschaft dar, wenn nur der Mensch bestimmt? Ich sage euch, was es dann nicht ist: ein Partner. Ich kann euch immer wieder nur bitten, zu fragen und dann sorgsam und achtsam mit der Antwort umzugehen. Wie fühlt sich für euch ein „Nein, ich weiß besser, was für dich gut ist!" an und wie ein „Lass uns gemeinsam nach einem Weg schauen ..."? Der gemeinsame Weg ist nur dann ein gemeinsamer Weg, wenn er auch gemeinsam entschieden wird.

Ich möchte nicht auf die Gefahren eingehen, die ihr für uns in einem freien Leben seht, denn die gleichen Gefahren gelten auch für euch. Traut uns bitte ruhig zu, genauso intelligent mit den Gefahren umgehen zu können, wie ihr das tut. Ihr merkt schon, dass ich Befürworterin für ein freies Katzenleben bin. Das gilt für mich. Ich möchte es nicht anders. Zumindest jetzt noch nicht. Vielleicht auch nie. Dieser starke Freiheitsdrang ist in vielen Katzen vorhanden, zumindest in denen, die ich persönlich kenne, aber auch in denen, mit denen ich „nur" im Geiste verbunden bin. Wenn alles was frei ist, wie die Wesen in der Natur, die Pflanzen, die Landschaften, nicht mehr frei sein dürften, wie arm wäre doch diese Welt.

Auch wir, die freiheitsliebenden Katzen, sind Bestandteil der großen Mutter Natur. Wie viel ärmer mag diese Welt wohl werden, wenn unsere gelebte Energie der Freiheit nicht mehr einfließen kann? So bitte ich euch noch ein-

mal, schaut darauf, was gelebt werden will bei eurem Katzenfreund. Am besten schaut schon, bevor ihr ihn in euer Heim holt. Denn dann findet ihr genau den Kameraden, der das mitbringt, was ihr annehmen könnt. Und noch ein kleiner Tipp am Rande: Schaut auch genau hin, bevor ihr euch einen neuen Menschen ins Haus holt ...

Die Aussagen von Feli zu diesem Thema haben großes Herzklopfen bei mir hervorgerufen. Sie hat mir ein sehr starkes Gefühl davon vermittelt, wie es sich anfühlt, wenn das gesprochene Wort genau das ausdrückt, was im Innen gefühlt wird. Und ich selbst habe auch schon den Zwiespalt erlebt, zu wissen dass eine Katze ihre Freiheiten leben möchte, dies aber nach meinem Dafürhalten mit großen Gefahren für Leib und Leben verbunden war. Unser erster Kater, Carlo, der von einem nicht zu bändigenden Freiheitsdrang erfüllt war, wurde überfahren. Dies ist schon über 20 Jahre her und dennoch schmerzt es noch heute. Damals wurde ich sehr unsicher und wusste nicht, ob ich jemals wieder einer Katze Freigang gewähren wollte.

Nicht lange nachdem Carlo von uns gegangen war, kamen Zino und Balou zu uns. Die beiden Katzenmädchen, die bis dahin reine Wohnungskatzen gewesen waren, drängte es ebenfalls sehr in die Freiheit. Mir wurde schnell klar, dass ich mich intensiv damit auseinander setzen musste, um eine Entscheidung treffen zu können. Und ich erkannte, dass die beiden in die Entscheidung mit einbezogen werden wollten. Mein Mann ist, ebenso wie ich auch, ein sehr freiheitsliebender Mensch. So wunderte es mich nicht, dass er gemeinsam mit mir an den Punkt kam, an dem uns klar wurde, dass wir Zino und Balou nicht einsperren wollten. Gleichzeitig waren wir uns bewusst, dass die nahe gelegene Straße eine Gefahr darstellte. Mein Mann war es dann, der die Idee hatte, die Katzen darum zu bitten, nicht in Richtung dieser Straße zu laufen, die sich rechts in einiger Entfernung vom Haus befand, sondern nur nach links, in die freie Natur.

Ob sie es glauben oder nicht, Zino und Balou haben sich exakt daran gehalten und sind, sobald sie unseren Garten verlassen hatten, immer nur nach links gelaufen. Das war mein erstes, zu dieser Zeit noch vollkommen unbewusstes Erleben, wie Tierkommunikation funktionieren kann, auch wenn ich damals nicht wusste, dass es so etwas überhaupt gibt. Aber Zino und Balou wussten es sehr wohl. Und sie wussten auch, dass ihnen die Freiheit lacht, wenn sie unserer Bitte Folge leisten. Natürlich weiß ich, dass in Großstädten, z. B. an stark befahrenen Straßen, Gefahren vorhanden sind, denen man eine Katze nicht aussetzen sollte. Genauso weiß ich, dass viele Katzen glücklich sind in reiner Wohnungshaltung oder mit kleinen Freiheiten, die ihnen ein Balkon erlauben kann. Da bietet es sich doch an, nach **d e r** Katze Ausschau zu halten, die genau zu dem passt, was man ihr bieten kann.

Tipp:

Versuchen Sie sich in die jeweilige Situation hinein zu versetzen. Wie mag es sich anfühlen, nur einen bestimmten (Lebens) Raum zur Verfügung zu haben? Sie können es ausprobieren, indem Sie einen Tag nur in Ihren vier Wänden verbringen. Dies sollte an einem möglichst sonnigen und warmen Tag geschehen, an dem es besonders schön wäre, nach draußen zu gehen. Versuchen Sie für sich heraus zu finden, wie Sie sich fühlen, nur in geschlossenen Räumen zu sein. Haben Sie dort alles was Sie brauchen? Was fehlt Ihnen? Versuchen Sie, es sich so schön wie möglich zu machen und hören Sie ehrlich auf Ihre Empfindungen. Fällt es Ihnen schwer? Es geht nicht darum, dass Sie sich auf diesem Weg ein schlechtes Gewissen einhandeln, weil Ihre Katze vielleicht jeden Tag so lebt. Es geht

einfach nur darum, dass Sie erfahren, wie sich das anfühlt. Sie sollen erkennen dürfen, was vielleicht verbessert werden kann. Natürlich sind Sie keine Katze, aber Sie haben doch sehr viel von einer Katze in sich – sonst hätten Sie keine.

Dieses Experiment können Sie an einem anderen Tag so gestalten, dass Sie an diesem Tag ein und ausgehen können, wie Sie wollen. Sie gehen in die Natur, in den Garten und genießen die frische Luft und die Schönheiten, die sich Ihnen dort bieten. Sie gehen zurück ins Haus, wenn Ihnen danach ist. Wie fühlt sich das jetzt an? Können Sie vorhandene Gefahren wahrnehmen? Oder genießen Sie den Augenblick und denken nicht an Morgen? Laufen Sie durch die Natur mit wachen Sinnen. Versuchen Sie zu sehen, zu fühlen und zu hören wie Ihre Katze. Vielleicht gefällt Ihnen das so gut, dass Sie zukünftig mit mehr Bewusstsein die Natur genießen können. Wenn es Ihnen nicht möglich ist Ihrer Katze mehr Freiheit zu gewähren, vielleicht können Sie ihr eine eigene kleine Freiheit innerhalb der Wohnung/des Hauses einrichten? Ihre Katze wird es zu schätzen wissen.

Andere wichtige Themen des Lebens

Wie sieht der ideale Tag für eine Katze aus?

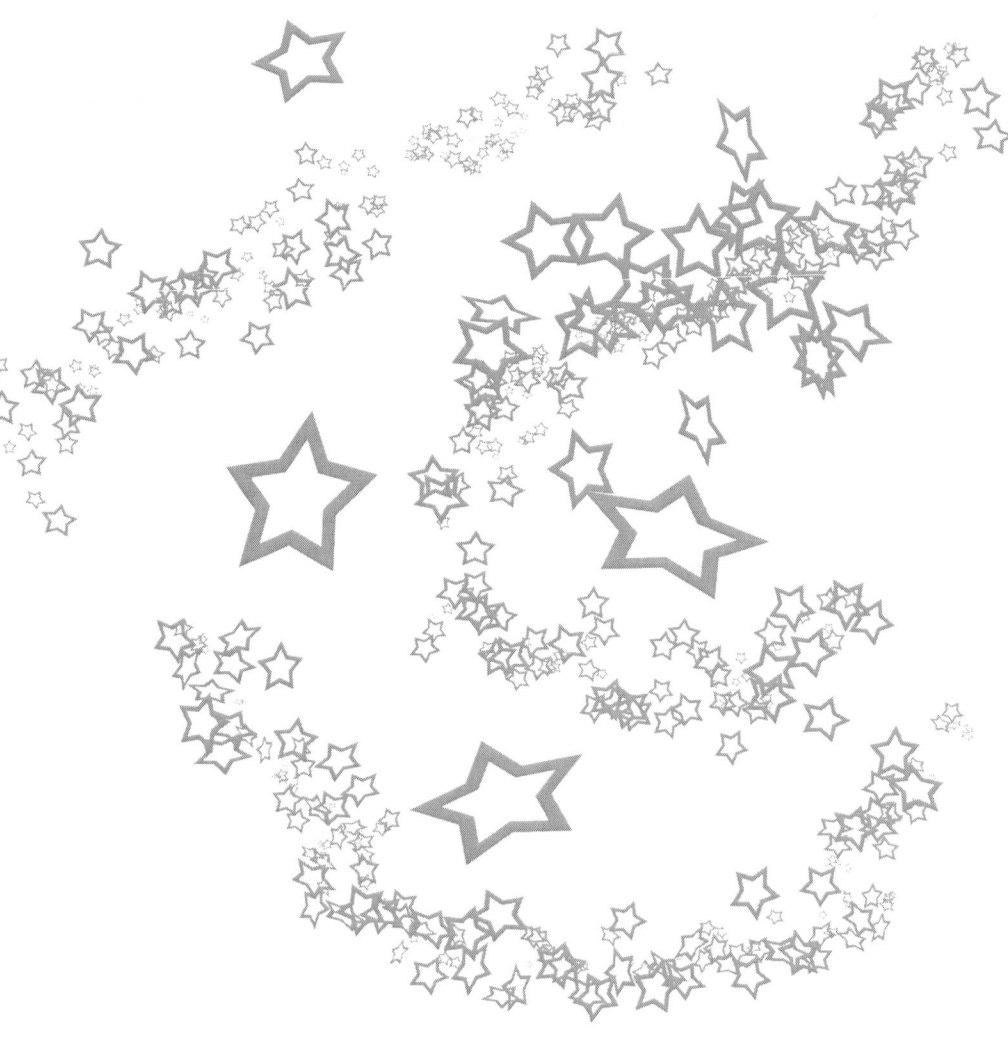

Ja, wie mag er wohl aussehen? Ich habe dazu meine eigenen Ideen, so wie wohl jeder von Ihnen auch. Doch wir durften beim schreiben (ich) und beim lesen (Sie) bereits feststellen, dass vieles ganz anders ist, als wir gedacht hatten. Obwohl ich, dadurch dass ich schon so viele Jahrzehnte mit Katzen zusammenlebe und davon seit einigen Jahren in regem mentalen Kontakt mit ihnen stehe, mittlerweile gelernt habe, dass das, was der menschliche Kopf denkt, oft erheblich von dem abweicht, was das Herz der Katze fühlt.

Da Katzen, wie wir alle zwischenzeitlich erfahren durften, mit dem Herzen „denken", bzw. bei ihnen glauben, fühlen und denken eins sind, werden wir vermutlich auch bei dieser Frage – fast möchte ich sagen „mal wieder" – überrascht werden.
Meine Vorstellung vom idealen Katzentag geht in die Richtung von: viel schlafen, Körperpflege, lecker essen, spielen, Mäuse fangen und dann wieder von vorne. Wie falsch oder richtig ich damit wohl liege? Was meinen Sie? Oder noch besser: Was meint Feli?

FELI:

Wie immer fühle ich mich geehrt, dass es die Menschen im Allgemeinen und dich im Besonderen interessiert, wie ich/wie wir uns einen idealen Tag vorstellen. Dennoch muss ich schon wieder mit einer Klarstellung beginnen, denn d e n einen und einzigen idealen Tag gibt es nicht. Der ideale Tag kann nämlich heute so und morgen wiederum ganz anders aussehen.

Ich will versuchen zu erklären, wie ein guter Tag für mich aussieht. Zuerst möchte ich euch aber sagen, dass „ideal" durchaus auch langweilig sein kann und Langeweile ist nun definitiv etwas, das wir Katzen gar nicht schätzen – weder die Katze, die gerne und viel ruht noch diejeni-

ge, die den ganzen Tag auf Achse ist. *Langeweile ist echt doof!* Und ich bitte euch hier und jetzt, dieses Wort aus dem gemeinsamen Leben mit uns Katzen vollkommen zu streichen. Ihr dürft es aber ersetzen durch „Momente der Stille" oder durch „Mußestunden". **DIE** nämlich genießen wir! Und zwar ganz und gar! Bevor ich nun damit beginne zu beschreiben, wie ein guter Tag für mich aussehen könnte, möchte ich noch etwas klarstellen. Bei euch ist der Tag in Tageszeiten und bestimmte Stunden unterteilt. Ihr nennt das den Morgen, den Mittag, den Nachmittag, den Abend und die Nacht. Ihr steht am Morgen, sagen wir um 7.00 Uhr, auf und geht am Abend, sagen wir um 22.00 Uhr, ins Bett. Dieser Ablauf hat (s)eine Ordnung und verläuft immer sehr ähnlich. Nun ist es nicht so, dass die Tage von uns Katzen keine Ordnung hätten und nicht auch sehr ähnlich ablaufen würden. Das tun sie durchaus, denn auch wir Katzenwesen schätzen die Regelmäßigkeit sehr. Wir können jedoch auch mal – und dann sogar recht gut – ohne diese Regelmäßigkeit auskommen.

Für uns ist, um auf den „idealen" Tag zurückzukommen, ein Tag kein Tag in dem Sinn, wie ihr ihn kennt. Wir leben nicht in Stunden, nicht in Tageszeiten, nicht in einem fest gelegten zeitlichen Rahmen. Erinnert euch, was ich über die Zeit gesagt habe. Wir leben in Momenten. Der Katzentag besteht aus vielen gelebten Momenten. Wir würden aber nicht behaupten, dass soundso viele Momente ein Tag sind. Nein. Ein Moment ist für uns ein Moment. Wobei uns der Moment gar nicht das Wichtigste ist, sondern das, was ihn ausfüllt oder anders gesagt, wie er von uns ge- und erlebt wird. So, das wollte ich gerne klären, damit ihr wisst, dass ein idealer Tag nicht unbedingt 24 Stunden für uns haben muss. Ein idealer bzw. guter Tag kann sich aus einigen guten Momenten zusammensetzen und vielleicht nur drei Stunden ausmachen – oder 27 Minuten. Was weiß denn ich?

Ich werde euch also im eigentlichen Sinne keinen guten Tag beschreiben, sondern viele gute Momente, die natürlich alle an einem Tag geschehen dürfen. Ich möchte diesen Momenten gerne Namen geben. Sie können heißen: Moment der Ruhe, Moment des Spiels, Moment des Genießens, Moment des Träumens, Moment der Wachsamkeit, Moment der liebevollen Zuwendung, Moment der Achtung und so weiter und so fort.

*Einer meiner liebsten Momente, weil er so voller Leben und so lebendig ist, ist der **Moment der intensiven Wahrnehmung.** Das bedeutet, dass ich selbst alles was geschieht und was ist, intensiv erlebe. Gleichzeitig werde ich von meinen Menschen oder Mitkatzen ganz bewusst wahrgenommen und wirklich gesehen. Das ist ein ganz wundervolles Gefühl. Dieser Moment der intensiven Wahrnehmung geschieht zum Beispiel, wenn ich an einem schönen Sommertag gemeinsam mit meinem Frauchen durch unseren Garten spaziere. In diesem Moment sehe ich die blühenden Blumen, die singenden Vögel, die Insekten, die brummen und summen, die Käfer und Ameisen, die durch das Gras laufen, die Schmetterlinge, die einer Feder gleich durch die Luft schweben. Doch das ist noch lange nicht alles. Ich rieche gleichzeitig auch den Duft von allem, was ich sehe. In einem solchen Augenblick sind die Farben, die ich spüre, ganz besonders intensiv. Die Luft vibriert und die Schwingung der Wärme macht froh. Während ich neben meinem Frauchen herlaufe, nehme ich all das wahr und während ich das tue, bewege ich mich auf eine besondere Art und Weise. Ich laufe dann nicht, ich tänzele, ich tanze. Ich bewege mich beschwingt, mal ganz schnell, mal ganz langsam. Mal bleibe ich auch stehen. Dann wieder springe ich in einen Busch, der mich lockt, um kurz darauf wie ein kleiner Irrwisch aus dem Busch hervor zu springen. Dieser Moment ist Freude pur. Die andere Seite dieses Moments ist, dass mein Frauchen mich ganz neu sieht. Nicht, dass sie*

mich nicht schon mal durch den Garten hätte laufen sehen. Aber dieses gemeinsame Gehen, dieses gemeinsame Genießen, das gibt dem Ganzen eine neue Dimension. Ich gehe voller Liebe neben meinem Menschen und mein Mensch schaut voller Liebe. Wir genießen beide diesen besonderen Augenblick, wohl wissend, dass wir ihn nicht festhalten können, dass er aber dennoch als Bild in unseren Herzen abgespeichert wird. Wenn ich einmal nicht mehr bin, dann wird es genau dieses Bild sein, das mein Frauchen trösten kann. Ist es nicht schön, dass wir beide schon zu Lebzeiten eine gemeinsame Erinnerung haben? Dieser Moment gehört unbedingt zu einem schönen Tag!

Der nächste Moment, den ich nicht missen möchte, ist der **Moment des Friedens** oder auch der **Moment der Ruhe**. Er findet statt, wenn ich in mir selbst in Frieden bin und mein Körper zur Ruhe gekommen ist. Meistens erlebe ich diesen Moment, wenn ich auf Frauchens Beinen liege. Ja, ihr lest richtig, auf den Beinen. Wir haben ein gemeinsames Ritual entwickelt, Frauchen und ich. Wobei ich, ich gebe es zu, den angenehmeren Teil innehabe. Zustande kommt dieser besondere Augenblick, wenn Frauchen auf der Couch sitzt, liest, fernsieht oder auch nur vor sich hin träumt. Dann komme ich dazu und schaue – Frauchen nennt es starren – sie so lange an, bis sie versteht, was ich will, und ihre Beine auf den Tisch legt. Und jetzt kommt mein großer und schöner Moment, wenn ich mich nämlich auf den Beinen von Frauchen lang lege und mich voll und ganz fallenlasse. Hach, das ist schön. Ich kann es stundenlang aushalten, dort zu liegen. Leider beruht das nicht auf Gegenseitigkeit, so dass ich von stundenlangem Liegen nur träumen kann. Aber auch die kurze Zeitspanne, die mir vergönnt ist, vollkommen entspannt und in mir ruhend, mit mir im Frieden, auf Frauchens Beinen zu liegen, genügt schon, um zu einem besonderen Augenblick zu werden. Ein guter Tag ist nur dann ein richtig guter Tag, wenn dieses Ritual nicht fehlt!

*Und schon kommen wir zum nächsten Moment, der Freude bringt, das ist der **Moment der Erwartung**. Der Moment der Erwartung kann in den unterschiedlichsten Situationen stattfinden. Zum Beispiel, wenn ich auf mein Essen warte. Manchmal habe ich das Gefühl, dass ein leckeres Essen, ohne das gespannte Warten darauf, nicht viel taugt. Es schmeckt auch sehr viel besser, wenn die Magensäfte durch die Erwartungshaltung in Schwung gebracht worden sind.*

Ganz besonders aufregend finde ich den Moment der Erwartung auch dann, wenn ich darauf lauere, dass einer meiner Menschen mir ein Spielzeug zuwirft. Am allermeisten schätze ich das Werfen von knisterndem Papier. Meine Menschen geben sich aufopferungsvoll dem Essen von in Stanniolpapier eingepackter Schokolade hin, damit das übrig bleibende Papier zu Feli-Kugeln verarbeitet werden kann. Wird dann, wenn die Menschen endlich fertig sind mit Schokolade kauen, das herrlich knisternde Papier geworfen, kann ich es kaum noch aushalten. Dann sitze ich da wie ein gespannter Flitzebogen und renne los, sobald die Papierkugel durch die Luft fliegt. Das macht Spaß!

Ich kann den Moment der Erwartung auch mit dem Moment der Ruhe verbinden, denn manchmal dauert der Moment der Erwartung ein wenig länger. Wenn ich mal wieder auf Frauchen und Herrchen warte, bietet sich das an. Meine Erwartungsfreude wird dann in einen Erwartungsschlummer gelegt und bleibt so lange gemeinsam mit mir in Ruhestellung, bis ich das Auto von meinen Menschen kommen höre. In genau diesem Moment erwacht die Erwartung aus dem Schlaf und stellt sich in Position. Und dann freue ich mich, nachdem ich wohlverdienten Schlaf genossen habe, auf das Wiedersehen mit meinen Menschen.
Was auch unbedingt zu meinen bevorzugten Momenten

gezählt werden sollte, ist der **Moment der Wachsam-**
keit. *Dieser ist von Außenstehenden gar nicht so leicht*
zu erkennen und wird gelegentlich mit dem Moment der
Ruhe verwechselt. Der Moment der Wachsamkeit könnte
auch Moment der Konzentration heißen. Wachsamkeit
und Konzentration sind sich sehr ähnlich, doch in der
Konzentration ist die Wachsamkeit noch ein wenig inten-
siver, konzentrierter eben, enthalten. Solche konzentriert
wachsamen Augenblicke erlebe ich, wenn ich auf der
Jagd bin. Ich muss euch allerdings gestehen, dass ich kei-
ne Jägerin bin, die die Jagd täglich zelebriert. Vielmehr
lasse ich mich vom Leben inspirieren, wann dazu der rech-
te Moment gekommen ist. Dann aber bin ich in meinem
Element und an Wachsamkeit bzw. Konzentration kaum
zu überbieten. Kennt ihr das auch, dieses Gefühl, wenn
man sich vollkommen auf einen Punkt, einen Gegen-
stand, ein Wesen oder ein Thema einlässt? Wenn einen
nichts davon abbringen kann, egal wie laut oder leise es
um einen herum ist, egal wer gerade vorbei läuft, egal
wer einen gerade ruft? Dann wisst ihr, was ich meine.
Dieser Moment der Wachsamkeit ist ein besonderer
Moment, gerade weil er in meinem Leben nicht täglich
stattfindet. Genau aus diesem Grund schätze ich ihn so
sehr! Und somit gehört auch er auf die Liste meiner be-
sonderen Momente!

Einer der wichtigsten Momente ist der **Moment der Frei-**
heit. *Das Besondere an diesem Moment ist, dass er an*
nichts gebunden ist, an keine äußeren Gegebenheiten, an
keine Geschehnisse, an nichts und gleichzeitig an alles.
Diesen Moment kann ich immer und überall erleben. Die-
ser Moment macht mein Leben besonders. Diesen Mo-
ment erlebe ich in jedem Augenblick meines Seins. Dieser
Moment ist ein innerer Zustand. Ich kann jedem von euch
nur empfehlen, sich mit diesem Moment anzufreunden,
denn er hält das, was er verspricht: Er macht frei. Frei und
froh. Froh und frei.

Nun habt ihr einen kleinen – es ist wirklich nur ein kleiner – Überblick über das, was eine Katze sich wünscht, was sie froh und zufrieden macht. Dabei darf der Moment, den ich jetzt noch beschreiben möchte, auf gar keinen Fall fehlen. Tut er auch nicht. Denn ohne diesen Moment kann eigentlich nichts so richtig gelingen. Ich meine den **Moment der Liebe**. *Der Moment der Liebe ist die Krönung aller Momente. Er ist der Motor aller Momente. Und du kannst diesen Moment sowohl selbst erleben als auch weiter verschenken. Er ist allumfassend, beweglich und in seiner Einzigartigkeit zeitlos. Ich liebe diesen Moment, der sich mit allen, wirklich allen anderen Momenten verbinden kann. Er verhilft der Ruhe und dem Frieden zur Entspannung, der Wachsamkeit zur Klarheit, der Erwartung zur Erfüllung, der Freiheit zur Unabhängigkeit, der intensiven Wahrnehmung zur Entfaltung, um nur einige Beispiele zu nennen. Der Moment der Liebe kann für sich alleine ein vollkommener Moment sein. Er kann aber auch in Verbindung mit einem anderen Augenblick, diesem zur Vollkommenheit verhelfen.*

Wenn du wahre Liebe spürst, dann nur deshalb, weil du in dir wahre Liebe trägst und diese an alle und alles weitergibst, was dir begegnet. Das ist es, was uns Katzen und mit uns – jetzt bin ich mal großzügig – alle Tiere dieser Welt ausmacht, dass wir diese Liebe, die in uns fließt, an euch, die Menschen in unserem Leben, mit ganzem Herzen weitergeben. Wie wir das tun, kann ganz unterschiedlich sein. Doch dass wir es tun, ist keine Frage!

Jetzt wisst ihr, was einen Tag für uns Katzen zu einem guten Tag macht. Es ist die Aneinanderreihung von vielen guten Momenten. Es braucht gar nicht viel, damit wir zufrieden sind. Der Boden von allem ist die Liebe. Sie lässt uns die Ruhe, die Freiheit, die Erwartung, die Wachsamkeit, die intensive Wahrnehmung und alle anderen schönen Momente auf ganz besondere Weise erleben.

So kann ich jedem nur raten, dass er in jeden Moment ganz viel Liebe rein stecke, selbst in den Moment, der vermeintlich unschön ist. Durch die Liebe wird er sein Gesicht verwandeln. Gebt eurer Katze und überhaupt allen Lebewesen, denen ihr begegnet, Liebe und jeder Tag wird ein idealer Tag sein.

Ich bin entzückt über das, was Feli über ihren idealen Tag gesagt hat. Es macht mich froh und nimmt den Druck. Wir glauben ja immer, dass wir ganz besondere Leistungen vollbringen müssen, um einen anderen – und uns selbst natürlich auch – glücklich zu machen. Wir denken, dass nur der Tag ideal ist, an dem etwas ganz außergewöhnliches geschieht. Ein Urlaubstag am Meer zum Beispiel ... oder wenn wir eine Gehaltserhöhung bekommen ... oder ein Abendessen in einem guten Restaurant ... ein Kinobesuch ... eine Konzertveranstaltung ... wenn wir jemanden kennen lernen ... wenn wir viel gelobt werden ... wenn alles klappt, was wir uns vorgenommen haben ... wenn wir eine Nachzahlung vom Finanzamt bekommen ... ein neues Auto ... und, und, und. Das mag ja alles stimmen und jeder darf sich freuen, wenn ihm Gutes und/oder Außergewöhnliches widerfährt. Doch all das ist es nicht, was den idealen Tag ausmacht. Der ideale Tag entsteht, wenn wir dankbar sind für alles, was uns geschieht. Gerade die kleinen und alltäglichen Ereignisse vermögen glücklich zu machen. Schon mal beobachtet??

Dazu fällt mir der folgende Spruch ein: „Warte nicht auf ein großes Wunder, sonst verpasst du die vielen kleinen."

Tipp:

Notieren Sie sich, welche Momente in Ihrem Leben ganz besondere Momente waren und sind. Schreiben Sie dann die besonderen Momente Ihrer Katze auf und denken Sie auch an die gemeinsamen schönen Momente, die Sie mit Ihrer Katze erleben. Bestimmt werden Sie, wie ich auch, staunen, wie viele gemeinsame schöne Momente es gab und gibt.

Als ich mir, nachdem ich Felis Text aufgeschrieben hatte, Gedanken über unsere gemeinsamen schönen Momente gemacht habe, stellte ich fest, dass es sehr viel Übereinstimmung gibt. Auch ich liebte den Moment, wenn wir gemeinsam durch den Garten gingen. Ich liebte den Moment, wenn mein Blick voller Liebe auf Feli ruhte und ich ihre Freude und Zufriedenheit spürte. Ich liebte es, wenn Feli, schwer wie ein Sack voller Steine, auf meinen Beinen lag und schnurrte, als ginge es um ihr Leben, selbst wenn meine Beine nach wenigen Minuten abzufallen schienen. Diese zahlreichen gemeinsamen Momente des Glücks kommen wirklich vielen kleinen Wundern gleich – und machen und machten mich unendlich froh und dankbar!

Feli hat mein Leben 14 Jahre lang bereichert. Am 14. März 2014 hat sie ihren Körper verlassen und ist zurückgekehrt in ihre eigentliche Heimat. Ihr Sterben war das letzte Geschenk, das sie mir machte und an dem ich jetzt auch Sie teilhaben lassen möchte.

Als mir in der letzten Woche ihres Daseins klar wurde, dass sie gehen wird, war ich zuerst einmal geschockt und hatte das Gefühl, als würde die Welt für mich zusammenbrechen. Gleichzeitig aber erkannte ich, dass dieser Schock nur **so** lange wirken konnte, solange ich nicht akzeptieren würde, dass Feli dabei war zu sterben. In dem Moment, als ich beschlossen hatte, den Weg anzunehmen, ihn zu akzeptieren, wurde es leichter.
Ich hatte verstanden, dass ich nur dann für Feli eine gute Wegbegleiterin sein konnte, wenn ich akzeptierte, dass ihr gemeinsamer (Erden)Weg mit mir zu Ende war und ich sie aus ganzem Herzen gehen lasse.

Nachdem ich dieses Gefühl ganz und gar gespürt, verstanden und akzeptiert hatte, konnte ich mich endlich dem widmen, was Feli von mir forderte: sie auf dem Sterbeweg zu begleiten. Ihre letzten Tage verliefen ruhig. Ich war viel bei ihr, in Gedanken und auch körperlich, habe ihr immer wieder gesagt, wie sehr ich sie liebe und habe mich dafür bedankt, dass sie ihr Leben mit mir geteilt hat.

Der 14. März 2014, ein Freitag, wurde zu einem besonderen Tag für Feli und für mich. Immer wieder „rief" sie mich mit einer ganz besonderen Stimme zu sich, wollte dass ich bei ihr sitze und bei ihr bin. Sie ließ mich spüren, dass die Zeit für sie gekommen war, ihren Körper zu verlassen. Während ich bei ihr saß, verband ich mich mit ihr um zu erfahren, ob noch etwas offen sei zwischen ihr und mir und bekam die Antwort: Nur noch der Tod. Ich erkannte, dass zwischen Feli und mir alles erledigt war, und dass es „nur" noch um den Abschied und das Loslassen voneinander ging.

Weiter bat ich darum erkennen zu dürfen, was sie mir noch mit auf den Weg geben wollte und was der Sinn ihres Daseins bei mir gewesen war. Hier kam die Antwort, dass es immer darum ging und geht, mich selbst zu entdecken und mein Potenzial zu entfalten. Ich soll mit Mut und sogar mit Risikofreude, mit Enthusiasmus und Elan meinen Weg weiter gehen.

Unser gemeinsamer Weg war geprägt von einem Prozess der inneren Reife und inneren Wachstums. Auch Lebensbejahung, Optimismus und Lebenslust wollte sie mir „da lassen", damit ich mich daran bedienen kann. Und ich soll mich weiter meiner Berufung und meiner Aufgabe widmen, den Tieren ein guter Fürsprecher zu sein und sowohl den Tieren als auch den Menschen mit meinen Gaben zur Verfügung stehen. Es soll mein Bestreben sein, weiter innerlich zu wachsen, immer mehr zu Selbsterkenntnis zu gelangen und dabei weiter offen und lebendig zu bleiben.

Das, was Feli mir wünschte und „da lassen" wollte, war genau das, was sie immer schon in mein Leben gebracht hatte. Sie hatte sich von Anfang an gewünscht, dass ich meinen Weg gehe, dass ich mutig bin und mich nicht unterkriegen lasse. Sie war es, die mir den Weg gezeigt hat. Sie war es, die mir vorgelebt hat, wie es geht und die von mir „verlangt" hat, dass ich es ihr nachtue. „Lass dich nie unterkriegen", war ein Motto ihres Lebens. Und auch: „Nimmt dir, was du brauchst. Selbst wenn du dafür hart kämpfen musst." Sie war eine wahre Mutmacherin und selbst so von Lebenslust, Freude, Mut und Willenskraft erfüllt, dass man ihr nicht widerstehen konnte.
Danke, danke, danke, liebe Feli, dafür dass du mich dermaßen gefordert und gefördert hast.

Nachdem ich diese letzten Antworten von Feli erhalten hatte, kam auf einmal ein Gefühl von vollkommener Stimmigkeit zu mir, alles war klar, alles war richtig. Selbst wenn der Schmerz groß war, dass Feli gehen würde, so war doch alles angekommen, was sie mir sagen und geben wollte und auch ich hatte alles getan, was ich für sie tun konnte. Wir hatten uns alles gegeben. Sie signalisierte mir mit dieser letzten Botschaft, dass wir zusammen eine überaus wertvolle und sinnvolle Zeit hatten.

Nach diesen Botschaften sprach ich ein Gebet für Feli:

Herr, Jesus Christus,
sende diesem sterbenden Körper
deine Ruhe und deinen Segen.
Möge die Kraft deiner Liebe
ihr Wesen über die Schwelle der Erde tragen.

Herr, Jesus Christus,
nimm sie auf in deinen Frieden.
Erleuchte ihr Bewusstsein.
Lass sie erkennen, dass dein ewiges Licht
in ihrem Wesen brennt und sie durch dich
heimkehrt zum Vater.

Amen
(entnommen dem Buch „Mit Engeln beten" von Silvia Wallimann)

Als das Gebet gesprochen war spürte ich, dass Felis letzte Minuten gekommen waren. Vor meinem inneren Auge sah ich sie auf einer Startrampe sitzen und – wie eine Libelle – mit den Flügeln schlagen, die sie hinüber tragen würden. Ich redete ihr gut zu, ermutigte sie und sagte ihr, dass die Flügel sie tragen würden. Sie solle mutig sein und einfach los fliegen. Immer wieder sagte ich ihr, dass sie es ganz großartig mache, dass sie das könne und dass sie einfach loslassen solle. Nach wenigen Minuten war es soweit. Feli tat ihre letzten Atemzüge, kam noch ein letztes Mal ganz kurz, ganz schnell zurück, und dann kehrte große Ruhe ein.

Feli war davon geflogen. Ihre Flügel hatten sie getragen.
Während sie davon flog, hörte ich draußen die Krähen rufen.
Ihre Rufe sollten Feli wohl auch begleiten.

Ich war unendlich traurig und gleichzeitig unsagbar glücklich, weil meine geliebte Feli ihren letzten Weg so mutig, so bravourös, so meisterhaft und mit der ihr eigenen Leichtigkeit gegangen war. Ein schöneres Sterben hatte ich noch nie erlebt. Sie war wahrhaftig eine Meisterin.

In einer früheren Kommunikation hatte sie mir einmal gesagt, dass sie „diesen Weg" schon oft gegangen sei. Ja, das war auch mein Gefühl. Sie war diesen Weg mit der Erfahrung einer großen, weisen Seele gegangen. Dass ich sie dabei begleiten durfte, war eine große Ehre für mich!! Dafür kann ich Feli gar nicht genug danken, so wie ich überhaupt nicht weiß, ob ich jemals genug danken kann für alles das, was sie mir gegeben hat.

Ich sprach ein weiteres Gebet für Feli, während ich heftig weinte, aber es waren nicht nur Tränen der Trauer, sondern auch Tränen der Freude. So wie es eben ist, wenn ein schönes und erfülltes Leben durch ein schönes Sterben endet.
Mein Mann hatte sich morgens schon in weiser Voraussicht von ihr verabschiedet, er hatte da bereits das Gefühl, dass sie an diesem Tag gehen würde.
Felis Dasein, ebenso wie ihr Weggehen, war etwas ganz Besonderes, so wie sie selbst für uns auch etwas ganz Besonderes gewesen ist.

Am nächsten Tag hat sich diese Besonderheit noch einmal gezeigt. Den ganzen Tag über flog eine große Anzahl von Vögeln gegen unsere Wohnzimmerscheibe. Es war richtig auffällig, aber nicht etwa so, dass diese Vögel aus Versehen und mit voller Wucht gegen die Scheibe flogen, so wie es schon mal passiert, wenn ein Vogel gegen eine Scheibe fliegt und sich dabei schwer verletzt oder gar stirbt, weil der Aufprall so heftig ist. Nein, die Vögel flogen in großer Anzahl ganz sanft gegen die Scheibe, so, als wollten sie anklopfen. Ich konnte mir das zuerst nicht erklären und dachte, dass die Vögel vielleicht um Futter bitten. Dann kam ich aber auf die Idee, im Krafttierbuch von Jeanne Ruland nachzulesen. Dort steht, dass Vögel Boten/

Botschafter aus einer anderen Welt sein können. Die Autorin Angela Kämper beschreibt Vögel als Mittler zur geistigen Welt. Ihre Botschaften sind Informationen, Hilfestellungen oder Nachrichten aus der höher schwingenden geistigen Dimension, die sie meist sehr direkt auf die Erde bringen. Sie sind stets Boten von Geistwesen oder Seelen Verstorbener.

Ich bin überzeugt davon, dass Feli uns auf diese Weise noch einmal gegrüßt und uns ihren Dank ausgesprochen hat.

Felis Katzenfreundinnen Lilly und Bianca, haben anfangs sehr unter Felis Tod gelitten. Sie aßen schlecht und wirkten verstört. Sie waren nicht mehr dieselben, so wie auch wir, Felis Menschen, nicht mehr dieselben sind. Was sich daraus entwickelt, werden wir sehen. Ich bin aber ganz sicher, dass die Saat, die Feli in unsere Leben und in unsere Herzen gelegt hat, eine gute Ernte bringen wird.

Wenn ich mir vorstelle, wie Felis Antwort aussehen würde, auf meinen Dank dafür, dass sie ihr Leben mit mir geteilt hat, dann kommen folgende Worte zu mir:

> *„Wenn es dir half, dass ich bei dir war, bin ich glücklich. Ich tat es gerne. Doch du schautest zu viel auf mich und zu wenig auf dich. Wenn die Wertigkeiten gleich verteilt sind, wenn du dich so liebst, wie du mich zu lieben glaubst, dann bist du auf dem rechten Weg. Sehr oft folgen wir Katzen/Tiere dem Menschen, selbst wenn er auf einem falschen Weg zu sein scheint. Eine Kurskorrektur ist immer möglich. Ihr müsst es nur wollen. Unsere Bereitschaft, dabei bei euch zu sein, ist euch gewiss. Alles, was ihr erlebt, alles, was ihr seht, auch wenn ihr dabei uns Katzen/Tiere anschaut, zeigt euch immer nur das eigene Selbst. Erkennt euch an und habt euch lieb. Das ist des Lebens Sinn und Ziel.“*

Ich verneige mich in Dankbarkeit und tiefem Respekt vor Feli und allen Tierseelen dieser Welt.

Feli

Auch wenn sie diesen Körper zurückgelassen hat, so werden wir sie doch so in Erinnerung behalten.

Dieses Buch wäre nicht vollständig, ohne ein Bild von Feli, die sich nun mit mir zusammen von Ihnen verabschieden möchte.

Informationen und Hinweise:

Petra Kriegel lebt mit ihrem Mann und vier Katzen unterhalb des großen Feldbergs, nahe Frankfurt am Main.

Neben ihrer Arbeit als Tierkommunikatorin umfasst ihr Angebot auch die Tieraufstellung, Sterbebegleitung für Tiere und geistige Heilung.

Weitere Informationen über die Autorin, auch über ihr aktuelles Seminarangebot, finden Sie unter:
www.raum-und-energie-fuer-tiere.de

Die Vision der Autorin ist, dass alle Bereiche der Medizin – Alternativmedizin, Geistheilung und Schulmedizin – zum Wohl von Mensch und Tier zusammenwirken.

Aus rechtlichen Gründen darf jedoch dieser Hinweis nicht fehlen:

Bitte beachten Sie, dass die angebotenen Ratschläge ein zusätzliches Angebot zum Besten von Mensch und Tier darstellen, aber nicht die Diagnose und Behandlung durch den Tierheilpraktiker oder Tierarzt ersetzen wollen und können.

Die Autorin übernimmt keine Haftung für Schäden, die durch den Verzicht auf anerkannte und übliche medizinische Diagnostik und Behandlung entstehen.

Quellennachweis:

Krafttiere begleiten dein Leben
Jeanne Ruland
Schirner Verlag Darmstadt
9. Auflage

Tierboten
Angela Kämper
Arkana, München in der Verlagsgruppe Random House GmbH
5. Auflage

Der siebte Sinn der Tiere
Rupert Sheldrake
Scherz Verlag, Bern, München, Wien
5. Auflage

Mit Engeln beten
Silvia Wallimann
Verlag Hermann Bauer KG, Freiburg i.Br.
9. Auflage

Fotos:
© Eric Isseleé – fotolia.com
© rashadashurov – fotolia.com
© Petra Kriegel

Ebenfalls erschienen im Verlag Begegnungen:

Weg da – jetzt komm ich!
Christine Goeb-Kümmel

Die resolute kleine Straßenhündin Zoe zieht in ihr neues Zuhause ein und mischt dort ihre achtsame Familie auf. Ein unterhaltsames, heiteres Buch, das mit der Vermischung von Realität, Spiritualität und Fantasie Vertrauen darauf weckt, dass jeder auf die ein oder andere Art eigentlich immer das bekommt, was er braucht.

ISBN 978-3-9814784-2-6
138 Seiten, broschiert,
mit Fotografien
EUR 14,95

Zoe und das Meer
Christine Goeb-Kümmel

„Teil 2" zu „Weg da – jetzt komm ich!"

Die ehemalige Straßenhündin Zoe vermittelt ihre Sicht auf die Welt und das Leben. Humorvolle Spiritualität wird vermischt mit einer großen Portion Erdung und Lebensfreude. Mal nachdenklich und ernst, mal witzig und fröhlich und damit abwechslungsreich und vielschichtig, so wie das Leben selbst.

ISBN 978-3-9814784-5-7
145 Seiten, broschiert,
mit Fotografien
EUR 14,95

Sam - Eine Begegnung
Christine Goeb-Kümmel

Kann eine einzige Begegnung ein ganzes Leben verändern?

Niemals hätte der gelähmte Marius an diesem sonnigen Morgen im Juli gedacht, dass sein verlorenes Leben wieder einen Sinn erhalten könnte. Doch dann kommt Sam, ein behinderter Straßenhund, und so wie Marius ein Außenseiter der Gesellschaft ...

Ein Buch für alle, die Tiere und Menschen lieben und die niemals die Hoffnung verlieren ...

ISBN 978-3-9816162-6-2
194 Seiten, broschiert,
über 30 Illustrationen
EUR 16,95

Sternschnuppenlicht
Christine Goeb-Kümmel

Die Geschichte von Lobo, dem ganz normalen und doch so außergewöhnlichen Straßenhund, ist eine sehr berührende Lebensgeschichte mit besonderen Wendungen.

Lobos Leben wird – trotz vieler Widrigkeiten – stets beleuchtet von einem Stern der Hoffnung, und besonders aus diesem Grund ist das Buch auch für Kinder geeignet.

ISBN 978-3-9814784-6-4
84 Seiten, broschiert,
mit Illustrationen
EUR 8,95

Wala und die Flamme
Christina Stupp

Das Mädchen Wala, zuhause auf einem weit entfernten Planeten, beschließt, den Menschen die Lösung ihrer Probleme und den Übergang in ein neues Bewusstsein zu übermitteln ...

Eine zutiefst berührende Geschichte, die man immer wieder und so lange lesen möchte, bis sie endlich Wirklichkeit geworden ist ...

ISBN 978-3-9814784-8-8
147 Seiten, broschiert,
mit Illustrationen
EUR 14,95

Die Abenteuer von Adele und ihren himmlischen Tanten
Phoebe Stark

Die fantasievolle Erzählung aus der Reihe „humorvolle Spiritualität" handelt von abenteuerlichen Erlebnissen eines Mädchens und ihrer, sich ständig streitender, Schutzengeln.

Ein Buch für Jugendliche und Erwachsene.

ISBN 978-3-9814784-9-5
279 Seiten, broschiert,
mit Illustrationen
Preis: 18,95 Euro

Fantasiereisen
Geschichten zur Meditation
Birgit Schuler

Fantasiereisen sind ein kleiner Urlaub für die Seele. Gemeinsam mit wunderschönen, stimmungsvollen Fotos, die bewusst in schwarzweiß gehalten wurden, sind die in dem Buch enthaltenen Fantasiereisen dazu geeignet, zu entspannen, Kraft zu tanken, Heilung zu unterstützen oder ganz einfach, die Seele baumeln zu lassen.

ISBN 978-3-9814784-4-0
51 Seiten,
Klammerbindung
EUR 8,95

Der innere Klang – Eins sein mit dem Wesen der Bäume
Marco Grottke und Ulrike Meister

Bäume sind lebendige und fühlende Wesen und seit jeher enge Vertraute der Menschen.

Marco Grottke hat die energetischen Schwingungen unterschiedlichster Bäume empfangen und für Sie künstlerisch poetisch in Worte übertragen.
Lassen Sie sich berühren vom lebendigen Fluss der Worte und den individuellen Baumenergien, die die Malerin und Autorin Ulrike Meister in wundervollen Bildern liebevoll zum Ausdruck gebracht hat.

ISBN 978-3-9816162-2-4
163 Seiten, broschiert,
mit farbigen Bildern
EUR 21,95

Kräutersommer
Zeit für Geschichten
Theresia Arbia und Pamela Feil

Zeit für Geschichten – ist es nicht das, was wir so dringend brauchen?

In „Kräutersommer – Zeit für Geschichten" darf unsere Seele auf Reisen gehen, begleitet vom betörenden Duft der Wiesenkräuter und dem leisen Raunen des Andersweltlichen. Es ist eine Reise in andere Zeiten, zu geheimnisvollen Orten, und wie im Märchen von Frau Holle finden wir uns wieder auf blühenden Wiesen, in wilden Kräutergärten und in der Fantasie der Worte ...

ISBN 978-3-9816162-4-8
82 Seiten, broschiert
mit Illustrationen
12,95 Euro

Einblicke in die Geomantie
Die Erde wahrnehmen und den guten Platz finden
Geomantisches Sachbuch
Axel Sallmann

Dieses Buch nimmt den Leser mit auf eine Reise durch die spannenden und vielfältigen Themenbereiche der Geomantie. Es vermittelt Einblicke in altes Wissen und zeigt Möglichkeiten auf, eigene Erfahrungen zu sammeln, indem man sich der Natur und ihrer lebendigen Vielfalt öffnet.

ISBN 978-3-9816162-5-5
232 Seiten, broschiert,
mit farbigen Abbildungen
EUR 24,95

Der Platz an dem Du lebst
Christine Goeb-Kümmel

Was führt uns an den Platz an dem wir leben? Warum sind wir dort? Wie können wir ergründen, welche Themen der Ort uns spiegelt?

Auf der Basis geomantischer Untersuchungen ermöglicht Ihnen das Buch, sich Ihrer natürlichen und auch gebauten Umwelt auf eine neue, intensive Art zu nähern, Ihren eigenen Lebensraum zu entdecken und sich dabei selbst besser kennenzulernen.

ISBN 978-3-9816162-3-1
312 Seiten, broschiert
mit Fotos u. Zeichnungen
19,95 Euro

Mein Weg durch das Jahr
Jahreszeitenbuch
Christine Goeb-Kümmel

Ein Begleiter auf dem Weg durch die Monate und das Jahr.

Neben einem kurzen Einleitungstext enthält das Buch für jeden der 12 Monate eine doppelseitige monatstypische Fotografie sowie darauf folgend leere Seiten für eigene Aufzeichnungen, Skizzen, Fotos usw.

ISBN 978-3-9814784-1-9
Spiralbindung
EUR 9,50

Weiterführende Informationen
zu den Büchern und Aktivitäten des Verlags Begegnungen
erhalten Sie unter
www.verlagbegegnungen.de

VERLAG

BEGEGNUNGEN

Wir freuen uns über Ihr Interesse,
über Feedback und Anregungen!